高等院校电子信息与电气学科特色教材

Multisim 9 在电工电子技术中的应用

董玉冰　主编

李明晶　程广亮　孙颖　副主编

清华大学出版社

北京

内 容 简 介

本书介绍了 Multisim 9 在电工电子技术中的应用。利用 Multisim 9 对电路、模拟电路和数字电路的知识点进行仿真，仿真界面直观，具有和实验室一致的可视化界面。本书内容丰富，涵盖面广，仿真实例由浅入深，与本科电路、模拟电子技术和数字电子技术的理论知识相呼应，几乎做到了每个知识点有一个仿真实例，以适合学生自行验证和理解理论知识点的内容，并把理论和实践相结合起来。

本书是学完电路、模拟电路和数字电路后，进行 EDA 实验教学的教材，也可作为电路、模拟电路和数字电路理论课的辅助教材；另外，还可以作为电子课程设计的工具书，帮助学生更好地进行课程设计，做到理论和实践相结合。

本书可供高等院校电子类学生使用，也可供非电类专业学生及从事系统设计、科研开发的工程技术人员的参考。

本书封面贴有清华大学出版社防伪标签，无标签者不得销售。
版权所有，侵权必究。举报：010-62782989，beiqinquan@tup.tsinghua.edu.cn。

图书在版编目(CIP)数据

Multisim 9 在电工电子技术中的应用/董玉冰主编. —北京：清华大学出版社，2008.11(2023.8 重印)
(高等院校电子信息与电气学科特色教材)
ISBN 978-7-302-18322-8

Ⅰ. M… Ⅱ. 董… Ⅲ. 电子电路—电路设计：计算机辅助设计—应用软件，Multisim 9—高等学校—教材 Ⅳ. TN702

中国版本图书馆 CIP 数据核字(2008)第 117943 号

责任编辑：王敏稚　顾　冰
责任校对：白　蕾
责任印制：杨　艳

出版发行：清华大学出版社
　　　　网　　　址：http://www.tup.com.cn, http://www.wqbook.com
　　　　地　　　址：北京清华大学学研大厦 A 座　　　　邮　编：100084
　　　　社 总 机：010-83470000　　　　　　　　　　　邮　购：010-62786544
　　　　投稿与读者服务：010-62776969，c-service@tup.tsinghua.edu.cn
　　　　质量反馈：010-62772015，zhiliang@tup.tsinghua.edu.cn
印 装 者：三河市龙大印装有限公司
经　　销：全国新华书店
开　　本：185mm×260mm　　　印　张：15.5　　　字　数：373 千字
版　　次：2008 年 11 月第 1 版　　　　　　　　　　印　次：2023 年 8 月第 16 次印刷
定　　价：39.00 元

产品编号：029630-02

前言

随着时代的发展,计算机技术在电子电路设计中发挥着越来越大的作用。20世纪80年代后期,出现了一批优秀的电子设计自动化(Electronic Design Automation,EDA)软件,如 Pspice、EWB 等,EDA 软件工具代表着电子系统设计的技术潮流,已逐步成为电子工程师理想的设计工具,也是电子工程师和高等院校电子类专业学生必须掌握的基本工具。

电子设计工作平台 Electronics Workbench 由加拿大 Interactive Image Technologies(IIT)公司推出,可以完成电路仿真设计和版图设计,是一套功能完善、操作界面友好、容易使用的 EDA 工具,广泛应用于国内外各高校和电子技术界。

Electronics Workbench 主要包括 Multisim 9 电路仿真设计工具、VHDL/Verilog 编辑/编译工具、Ultiboard PCB 设计工具和 Yltirounte 自动布线工具。这些工具可以独立使用,也可以配套使用,如果配备了上述全部工具,就可以构成一个相对完整的电子设计软件平台。

全书共分11章,第1~4章主要介绍 Multisim 9 的基本功能、操作方法和分析工具;第5、6章介绍了 Multisim 9 的基本分析方法和高级分析方法;第7章介绍了 Multisim 9 在电路分析中的应用;第8章介绍了 Multisim 9 在模拟电路中的应用;第9章介绍了 Multisim 9 在数字电路中的应用;第10章介绍了3D实验系统;第11章介绍了 Multisim 9 在电工电子设计中的应用。

全书主要介绍了 Multisim 9 在电工电子技术中的应用。在电路分析中的应用主要对直流电路的基本定律和定理进行了验证,动态电路的动态特性进行了仿真。在模拟电路分析中的应用主要对基本放大电路、反馈放大电路、集成运算放大器和直流稳压电源等知识点进行了全面的仿真。在数字电路分析中的应用主要对晶体管的开关特性、组合电路的应用、时序逻辑电路的应用、集成555定时器的应用、数-模(D/A)和模-数(A/D)转换等知识点进行了全面的仿真,与理论教学环环相扣。同时介绍了 Multisim 9 在电子课程设计中的应用。

另外,本书还介绍了 Multisim 9 的基本分析方法、高级分析方法和3D实验系统(包括3D器件、3D实验板和3D仪器的应用)等。

全书由董玉冰负责组织和编写。其中,董玉冰编写第5、7、9、11章;李明晶编写第4、8章;程广亮编写第1、2章;孙颖编写第6章;王宪伟编写第3章;王实编写第10章。

全书由长春大学电子信息工程学院张丽英教授主审。同时,在本书的编写过程中也参考了一些优秀的教材,在此一并表示衷心的感谢!

由于编者水平有限,书中错误与不妥之处在所难免,恳请读者提出批评意见和改进建议,以利于本书的进一步完善。

编 者

2008 年 3 月

目录

第1章 概述 ························· 1
1.1 EDA 技术 ······················· 1
1.2 Multisim 简介 ··················· 1
1.3 Multisim 9 安装 ················· 2

第2章 Multisim 9 系统 ············· 3
2.1 Multisim 9 工作界面 ············· 3
2.1.1 主菜单 ····················· 3
2.1.2 系统工具栏 ················· 9
2.1.3 查看工具栏 ················· 9
2.1.4 设计工具栏 ················· 9
2.1.5 仿真开关 ··················· 10
2.1.6 元件库工具栏 ··············· 10
2.1.7 虚拟元件工具栏 ············· 10
2.1.8 仪表工具栏 ················· 11
2.2 创建电路原理图的基本操作 ······· 11
2.2.1 定制用户界面 ··············· 11
2.2.2 元器件的操作 ··············· 17
2.2.3 电路的连接 ················· 20
2.2.4 总线的操作 ················· 20
2.2.5 子电路和多页层次设计 ······· 22
2.2.6 添加文本说明 ··············· 24

第3章 Multisim 9 元件库 ··········· 27
3.1 Multisim 9 元件库及其使用 ······· 27
3.1.1 电源库 ····················· 27
3.1.2 基本元件库 ················· 30
3.1.3 二极管库 ··················· 31
3.1.4 晶体管库 ··················· 32
3.1.5 模拟元件库 ················· 33
3.1.6 TTL 元件库 ················· 33
3.1.7 CMOS 元件库 ··············· 34
3.1.8 混合数字器件库 ············· 34

3.1.9 混合芯片库 ………………………………………………………… 35
3.1.10 指示部件库 ………………………………………………………… 35
3.1.11 其他部件库 ………………………………………………………… 36
3.1.12 射频部件库 ………………………………………………………… 36
3.1.13 机电类元件库 ……………………………………………………… 37
3.2 编辑元器件 ……………………………………………………………… 37
3.2.1 创建一个新的元器件 ……………………………………………… 37
3.2.2 编辑元器件 ………………………………………………………… 44
3.2.3 元件符号编辑器 …………………………………………………… 45

第 4 章 Multisim 9 仪器的使用 …………………………………………… 46

4.1 数字万用表 ……………………………………………………………… 46
4.2 函数信号发生器 ………………………………………………………… 47
4.3 电度表 …………………………………………………………………… 48
4.4 示波器 …………………………………………………………………… 48
4.5 波特图仪 ………………………………………………………………… 51
4.6 字信号发生器 …………………………………………………………… 52
4.7 逻辑分析仪 ……………………………………………………………… 54
4.8 逻辑转换仪 ……………………………………………………………… 55
4.9 IV 特性分析仪 …………………………………………………………… 57
4.10 频率计 …………………………………………………………………… 58
4.11 失真分析仪 ……………………………………………………………… 59
4.12 Tektronix TDS 2024 型数字示波器 …………………………………… 60
4.13 Agilent 33120A 型函数信号发生器 …………………………………… 62
4.14 Agilent 34401A 型数字万用表 ………………………………………… 67
4.15 Agilent 54622D 型数字示波器 ………………………………………… 69

第 5 章 Multisim 9 的基本分析方法 ……………………………………… 72

5.1 Multisim 的结果分析菜单 ……………………………………………… 72
5.2 直流工作点分析 ………………………………………………………… 76
5.2.1 直流工作点分析步骤 ……………………………………………… 76
5.2.2 直流工作点分析举例 ……………………………………………… 77
5.3 交流分析 ………………………………………………………………… 78
5.3.1 交流分析步骤 ……………………………………………………… 78
5.3.2 交流分析举例 ……………………………………………………… 79
5.4 瞬态分析 ………………………………………………………………… 80
5.4.1 瞬态分析步骤 ……………………………………………………… 80
5.4.2 瞬态分析举例 ……………………………………………………… 81
5.5 傅里叶分析 ……………………………………………………………… 82

    5.5.1 傅里叶分析步骤 ······ 82

    5.5.2 傅里叶分析举例 ······ 83

  5.6 噪声分析 ······ 85

    5.6.1 噪声分析步骤 ······ 85

    5.6.2 噪声分析举例 ······ 86

  5.7 失真分析 ······ 87

    5.7.1 失真分析步骤 ······ 88

    5.7.2 失真分析举例 ······ 89

  5.8 直流扫描分析 ······ 91

    5.8.1 直流扫描分析步骤 ······ 91

    5.8.2 直流扫描分析举例 ······ 92

第 6 章　Multisim 9 的高级分析方法 ······ 94

  6.1 灵敏度分析 ······ 94

    6.1.1 直流和交流灵敏度分析步骤 ······ 95

    6.1.2 直流和交流灵敏度分析举例 ······ 95

  6.2 参数扫描分析 ······ 97

    6.2.1 参数扫描分析步骤 ······ 97

    6.2.2 参数扫描分析举例 ······ 98

  6.3 温度扫描分析 ······ 100

    6.3.1 温度扫描分析步骤 ······ 101

    6.3.2 温度扫描分析举例 ······ 101

  6.4 零-极点分析 ······ 102

    6.4.1 零-极点分析步骤 ······ 102

    6.4.2 零-极点分析举例 ······ 103

  6.5 传递函数分析 ······ 104

    6.5.1 传递函数分析步骤 ······ 104

    6.5.2 传递函数分析举例 ······ 105

  6.6 最坏情况分析 ······ 106

    6.6.1 最坏情况分析步骤 ······ 106

    6.6.2 最坏情况分析举例 ······ 107

  6.7 蒙特卡罗分析 ······ 109

    6.7.1 蒙特卡罗分析步骤 ······ 109

    6.7.2 蒙特卡罗分析举例 ······ 110

  6.8 布线宽度分析 ······ 112

    6.8.1 布线宽度分析步骤 ······ 112

    6.8.2 布线宽度分析举例 ······ 112

  6.9 批处理分析 ······ 114

  6.10 用户自定义分析 ······ 115

6.11 噪声系数分析 …………………………………………………………………… 116
　　6.11.1 噪声系数分析步骤 ……………………………………………………… 116
　　6.11.2 噪声系数分析举例 ……………………………………………………… 116
6.12 射频分析 ………………………………………………………………………… 117

第7章　Multisim 9 在电路分析中的应用 …………………………………………… 118

7.1 电路的基本规律 ………………………………………………………………… 118
　　7.1.1 欧姆定律 ………………………………………………………………… 118
　　7.1.2 电路的串、并联定律 …………………………………………………… 118
　　7.1.3 基尔霍夫电流定律 ……………………………………………………… 120
　　7.1.4 基尔霍夫电压定律 ……………………………………………………… 120
7.2 电阻电路的分析 ………………………………………………………………… 121
　　7.2.1 直流电路网孔电流分析 ………………………………………………… 121
　　7.2.2 直流电路节点电压分析 ………………………………………………… 121
　　7.2.3 叠加定理 ………………………………………………………………… 121
　　7.2.4 齐次定理 ………………………………………………………………… 122
　　7.2.5 替代定理 ………………………………………………………………… 122
　　7.2.6 戴维宁及诺顿定理 ……………………………………………………… 123
　　7.2.7 特勒根定理 ……………………………………………………………… 124
　　7.2.8 互易定理 ………………………………………………………………… 124
7.3 动态电路 ………………………………………………………………………… 125
　　7.3.1 电容器充电和放电 ……………………………………………………… 125
　　7.3.2 电感器充电和放电 ……………………………………………………… 127
　　7.3.3 一阶 RC 电路的响应 …………………………………………………… 127
　　7.3.4 一阶 RL 电路的响应 …………………………………………………… 128
　　7.3.5 微分电路和积分电路 …………………………………………………… 129
　　7.3.6 二阶电路的响应 ………………………………………………………… 130
7.4 交流电路的分析 ………………………………………………………………… 135
　　7.4.1 交流电路的基本定理 …………………………………………………… 135
　　7.4.2 交流电路的分析方法 …………………………………………………… 137
　　7.4.3 谐振电路 ………………………………………………………………… 139
　　7.4.4 交流电路的功率及功率因数 …………………………………………… 141
　　7.4.5 三相交流电路 …………………………………………………………… 142

第8章　Multisim 9 在模拟电路中的应用 …………………………………………… 144

8.1 单管放大器 ……………………………………………………………………… 144
8.2 射极跟随器 ……………………………………………………………………… 149
8.3 差动放大器 ……………………………………………………………………… 152
8.4 功率放大器 ……………………………………………………………………… 153

8.5 运算放大器的应用 1 ……………………………………………………………… 155
8.6 运算放大器的应用 2 ……………………………………………………………… 160
8.7 稳压电源 …………………………………………………………………………… 163
8.8 负反馈放大电路 …………………………………………………………………… 164

第 9 章 Multisim 9 在数字电路中的应用 …………………………………………… 168

9.1 晶体管的开关特性 ………………………………………………………………… 168
  9.1.1 晶体二极管的开关特性 …………………………………………………… 168
  9.1.2 晶体三极管的开关特性 …………………………………………………… 168
  9.1.3 场效应管(MOS 管)的开关特性 …………………………………………… 169
9.2 组合电路的应用 …………………………………………………………………… 169
  9.2.1 逻辑门电路的测试 ………………………………………………………… 170
  9.2.2 门电路的逻辑变换 ………………………………………………………… 171
  9.2.3 常用组合逻辑模块 ………………………………………………………… 172
  9.2.4 组合电路应用举例 ………………………………………………………… 178
9.3 时序逻辑电路的应用 ……………………………………………………………… 181
  9.3.1 触发器功能测试 …………………………………………………………… 181
  9.3.2 寄存器 ……………………………………………………………………… 183
  9.3.3 计数器 ……………………………………………………………………… 185
  9.3.4 其他时序逻辑电路及应用 ………………………………………………… 194
9.4 集成 555 定时器的应用 …………………………………………………………… 198
  9.4.1 用 555 定时器组成的施密特触发器 ……………………………………… 198
  9.4.2 用 555 定时器组成的单稳态触发器 ……………………………………… 199
  9.4.3 用 555 定时器组成的多谐振荡器 ………………………………………… 200
9.5 数-模和模-数转换 ………………………………………………………………… 202
  9.5.1 数-模转换器 ………………………………………………………………… 202
  9.5.2 模-数转换器 ………………………………………………………………… 206

第 10 章 3D 实验系统 …………………………………………………………………… 207

10.1 3D 器件的应用 …………………………………………………………………… 207
  10.1.1 3D 元器件工具栏 ………………………………………………………… 207
  10.1.2 计数器的 3D 实现 ………………………………………………………… 207
10.2 3D 实验板(面包板) ……………………………………………………………… 208
  10.2.1 建立面包板 ……………………………………………………………… 208
  10.2.2 创建 3D 面包板电路 ……………………………………………………… 210
  10.2.3 查看元器件信息 ………………………………………………………… 216
  10.2.4 显示面包板网表 ………………………………………………………… 216
  10.2.5 设计规则和连接性检查 ………………………………………………… 216
10.3 3D 仪器的应用 …………………………………………………………………… 217

第 11 章 Multisim 9 在电子技术课程设计中的应用 ·············· 219

11.1 双向流动彩灯控制器的设计 ·············· 219
11.1.1 设计的主要性能及设计要求 ·············· 219
11.1.2 方案的选择和电路原理 ·············· 219
11.1.3 应用 Multisim 9 进行仿真和验证 ·············· 223

11.2 电子技术课程设计题目和要求 ·············· 226
11.2.1 直流稳压电源与充电电源的设计 ·············· 226
11.2.2 电冰箱保护器的设计 ·············· 226
11.2.3 数字逻辑信号测试器 ·············· 227
11.2.4 多路智力抢答器的设计 ·············· 228
11.2.5 简易数字频率计的设计 ·············· 229
11.2.6 汽车尾灯控制器电路的设计 ·············· 230
11.2.7 篮球竞赛 30s 计时器的设计 ·············· 231
11.2.8 多功能数字钟的设计 ·············· 232
11.2.9 交通灯控制电路的设计 ·············· 233

参考文献 ·············· 235

第1章 概述

1.1 EDA技术

电子电路的设计要经过设计方案提出、方案论证和修改三个阶段，有时还需要经历多次反复。传统的设计方法一般是采用搭接实验电路的方式进行，这种方法费用高、效率低，随着计算机的发展，某些特殊类型的电路可以通过计算机来完成电路设计，但目前实现设计自动化的电路类型不多，大部分情况下要以"人"为主体，借助计算机来完成设计任务，这种设计模式称作计算机辅助设计(Computer Aided Design，CAD)。

EDA(Electronic Design Automation)技术，也称电子设计自动化技术，是在CAD技术的基础上发展起来的计算机设计软件系统，它是计算机技术、信息技术和CAM(计算机辅助制造)、CAT(计算机辅助测试)等技术发展的产物。利用EDA工具，电子设计师可以从概念、算法、协议等开始设计电子系统，大量工作可以通过计算机完成，并可以将电子产品从电路设计、性能分析到设计出印制板的整个过程在计算机上自动处理完成。

随着电子和计算机技术的发展，电子产品已与计算机系统紧密相连，电子产品的智能化日益完善，电路的集成度越来越高，而产品的更新周期却越来越短。EDA技术使得电子线路的设计人员能在计算机上完成电路的功能设计、逻辑设计、性能分析、时序测试直至印制电路板的自动设计，包括印制板的温度分布和电磁兼容测试。目前EDA技术已为世界上各大公司、企业和科研单位广泛使用。

EDA软件很多，例如美国MicroSim公司的Pspice电路模拟分析软件可以进行模拟分析、模拟/数字混合分析、参数优化等，还有OrCad、Pcad、Protel等许多EDA软件，本书重点介绍比较常用的EDA软件EWB，也称作Multisim。

1.2 Multisim简介

传统的电子线路设计开发，通常需要制作一块试验板或在面包板上来进行模拟实验，以测试是否达到设计指标要求；并且需要反复实验、调试。才能设计出符合要求的电路。这样做，既费时又费力，同时也提高了设计成本；另外，因受工作场所、仪器设备等因素的限制，许多试验(例如，理想化、破坏性的实验)不能进行。

随着计算机硬件与软件的发展，解决以上问题的计算机仿真技术应运而生。加拿大Interactive Image Technologies公司于20世纪80年代末90年代初推出了专用于电子线路仿真设计的虚拟电子工作台(Electronics Workbench，EWB)软件。EWB以SPICE3F5为软件核心，具有数字与模拟信号混合仿真功能，特别是其最新版本更名为Multisim，功能更加完善。电子产品设计人员利用这个软件对所设计的电路进行仿真和调试。一方面可以验证所设计的电路是否能达到设计要求和技术指标；另一方面，又可以通过改变电路的结构、元器件参数，使整个电路的性能达到最佳。然后根据仿真电路的结果，将实际电路制作出来。这样，不仅降低了电路的设计成本，同时也缩短了产品的研发周期。

目前，国内已有许多大学将 EWB 作为 EDA（电子设计自动化）技术的学习内容，纳入了电子类课程的实验教学。因为学习电子技术，不仅要求掌握原理和计算公式，还要注重锻炼对电路的分析、应用、开发能力。由于许多学校实验条件的限制，无法满足各种电路的设计和调试要求。用 EWB 在计算机上虚拟出一个元器件齐备、具有多种仪表的电子工作台，一方面可以克服实验室各种条件的限制，另一方面又可针对不同的目的进行训练，培养学生综合分析能力、排除故障和开发创新能力，是对电子实验技能训练的有力补充。

1.3 Multisim 9 安装

正式的 Multisim 9 有教育版、专业版、加强专业版和特别版 4 个版本。不同的版本功能不一样，界面也有差别，本书介绍 Multisim 9.0 的教育版，具体安装方法同其他软件安装方法基本相同，这里不作详细介绍。

第 2 章

Multisim 9 系统

启动 Multisim 9,屏幕上出现图 2.1.1 所示的 Multisim 9 工作界面。工作界面主要有主菜单、工具栏、元件组、设计管理器、主设计窗口、状态栏、仿真开关等部分组成。

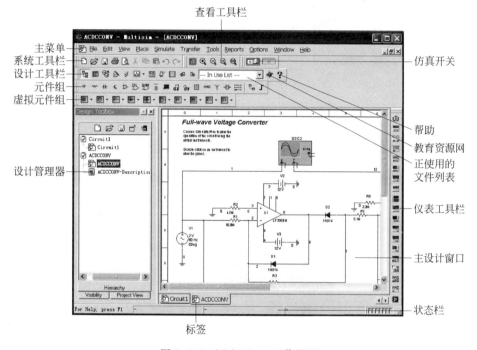

图 2.1.1 Multisim 9 工作界面

2.1 Multisim 9 工作界面

2.1.1 主菜单

在 Multisim 9 的主菜单中可以找到所有的功能命令,并完成电路设计全过程。

(1) File 菜单如图 2.1.2 所示。

(2) Edit 菜单如图 2.1.3 所示。

(3) View 菜单如图 2.1.4 所示。

(4) Place 菜单如图 2.1.5 所示。

(5) Transfer 菜单如图 2.1.6 所示。

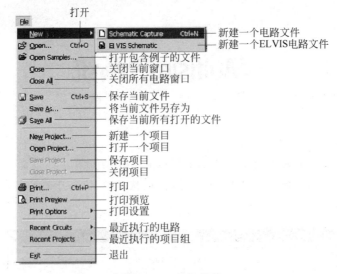

图 2.1.2 File 菜单

(a)

(b)

图 2.1.3 Edit 菜单

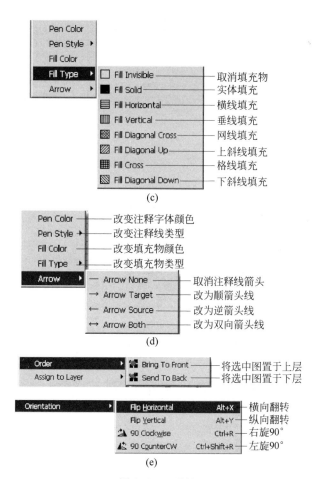

图 2.1.3 （续）

(a)

图 2.1.4　View 菜单

图 2.1.4 （续）

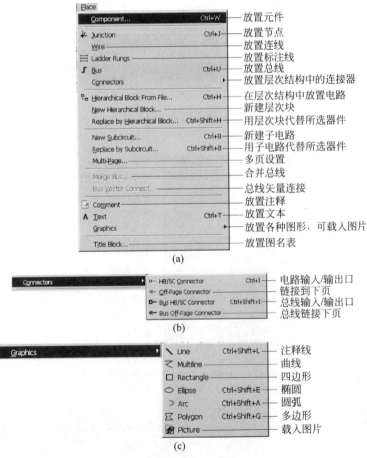

图 2.1.5 Place 菜单

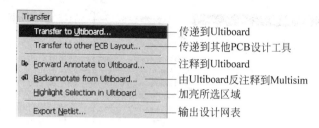

图 2.1.6 Transfer 菜单

(6) Simulate 菜单如图 2.1.7 所示。

图 2.1.7 Simulate 菜单

图 2.1.7 （续）

(7) Tools 菜单如图 2.1.8 所示。

图 2.1.8　Tools 菜单

(8) Reports 菜单如图 2.1.9 所示。
(9) Options 菜单如图 2.1.10 所示。
(10) Window 菜单如图 2.1.11 所示。
(11) Help 菜单如图 2.1.12 所示。

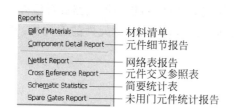

图 2.1.9　Reports 菜单

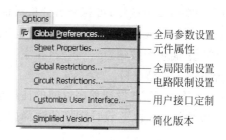

图 2.1.10　Options 菜单

图 2.1.11　Window 菜单

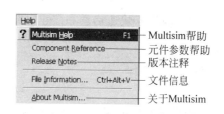

图 2.1.12　Help 菜单

2.1.2　系统工具栏

系统工具栏包括一些 Windows 常用的快捷工具按钮，如新建、打开、保存、打印、打印预览、剪切、复制、粘贴等。

2.1.3　查看工具栏

查看工具栏包括全屏显示、缩放显示、区域放大显示、整页显示。

2.1.4　设计工具栏

设计工具栏包括电路设计中常用的 11 个工具按钮和一个使用元件列表，还有一个教育网按钮和帮助按钮。

(1) 设计工具箱显示隐藏按钮，用于设计工具箱的开启和关闭。

(2) 电子表格查看窗口显示或隐藏按钮。

(3) 数据库按钮，可开启数据库管理对话框，对元件进行编辑。

(4) 元件创建按钮，可打开元件编辑向导对话框，用于增加、创建新元件。

(5) 仿真按钮，用于控制仿真的开始与结束。

(6) 图表和分析列表按钮，单击左侧可显示分析图形和图表；单击右侧则打开下拉的分析子菜单。

(7) 后分析按钮,可打开后分析对话框,用于对仿真结果进行进一步的分析操作。

(8) 电气规则检查按钮,可打开电气规则检查对话框,对创建的电路进行检查。

(9) 面包板按钮,单击该按钮,主电路窗口转换为可使用立体元件的面包板,同时自动打开设计工具箱窗口。

(10) 由 PCB 设计程序返回的注释按钮。

(11) 针对 PCB 设计程序的注释按钮。

(12) Multisim 帮助按钮。

2.1.5 仿真开关

仿真开关 用于快速启动和停止电路仿真。

2.1.6 元件库工具栏

各种元器件库开启的快捷按钮如下所示。

(1) 信号源库按钮。

(2) 基本元件库。

(3) 二极管库。

(4) 晶体管库。

(5) 模拟器件库。

(6) TTL 器件库。

(7) CMOS 器件库。

(8) MultiMCU 器件库。

(9) 高级外围器件库。

(10) 其他数字器件。

(11) 模-数混合器件库。

(12) 指示器件库。

(13) 杂项器件库。

(14) 射频器件库。

(15) 电机器件库。

(16) 梯形图样器件。

(17) 放置层次块按钮。

(18) 放置总线。

2.1.7 虚拟元件工具栏

在原理分析或验证的情况下,使用虚拟元件更具有普遍性。虚拟元件的参数通常都是理想的,但是可以根据需要对某些参数加以调整。

2.1.8 仪表工具栏

仪表工具栏纵向排列在整个工作界面的最右侧,包括仿真分析常用的16种虚拟仪器,使用方法同真实仪器基本一样。另外还包括一组LabView仪器和一个测量探针。

设计工具箱窗口和电子表格查看窗口是工作界面的附属窗口,当需要时可以通过设计工具栏中的对应按钮打开。

整个工作界面的最下边为状态栏,显示鼠标左指条目的信息或仿真工作的进程。

除此之外,还有许多隐藏的工具栏,可以通过执行View→Toolbars中的对应命令让其显示出来。总之所有的工具栏都可以通过执行View→Toolbars中的命令定制。

2.2 创建电路原理图的基本操作

本节首先介绍如何建立一个电路原理图,包括放置元件、元件连线、调整元件等,接着介绍如何对电路进行仿真分析,包括调用仪器、仿真、分析等。下面以一个简单的电路为例来具体介绍。

2.2.1 定制用户界面

在创建电路之前,最好根据电路的具体要求和用户喜好,定制一个特定的默认用户界面。定制用户界面的操作主要是分别启动Options菜单中的Global Preferences命令和Sheet Properties命令,打开对话框后,通过选择各种功能选项来实现。

1. 总体参数设置

执行Options→Global Preferences命令,出现如图2.2.1所示的Preferences对话框,用户可以根据需要选择各项参数。

1) Paths 选项卡

此选项卡主要是关于路径的介绍,界面如图2.2.1所示。

(1) Circuit default path:电路默认路径。

(2) User button images path:用户按钮图像路径。

(3) User settings:用户设置,这里可以通过模板建立一个用户设置文件或调用一个已有的用户设置文件。

(4) Database Files:数据库文档路径,包括master、corporate和user的数据库路径。

2) Save 选项卡

此选项卡是用来设置备份功能的,界面如图2.2.2所示。

(1) Create a "Security Copy":创建一个安全备份。

(2) Auto-backup:自动存盘时间间隔设定。

(3) Save simulation data with instruments:仿真数据最大保存量设定。

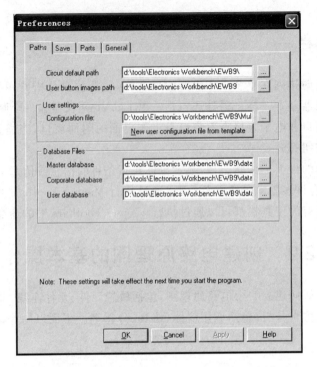

图 2.2.1 总体参数选择对话框之 Paths 选项卡

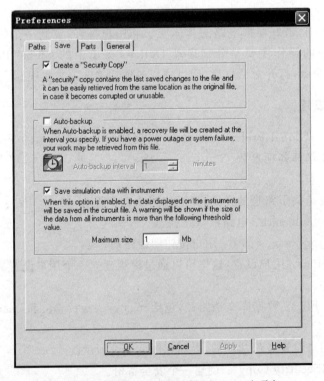

图 2.2.2 总体参数选择对话框之 Save 选项卡

3) Parts 选项卡

Parts 选项卡用于对元器件库中元器件的符号标准和元器件向工作窗口中放置方式的设置，界面如图 2.2.3 所示。下面介绍该界面的 4 个区。

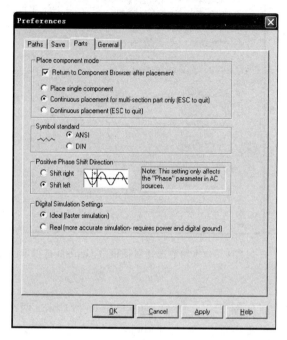

图 2.2.3 总体参数选择对话框之 Parts 选项卡

(1) Place component mode：选择放置元件的方式。其中 Return to Component Browser after placement 单选按钮用于放置完器件之后返回到元件浏览器。Place single component 单选按钮作用为选取一次元件只能放置一次。Continuous placement for multi-section part only(ESC to quit) 单选按钮作用为对于复合封装在一起的元件，可以连续放置，直到全部放完；按 Esc 键可以结束放置。Continuous placement(ESC to quit) 单选按钮作用为选取一次元件可以连续放置多个元件；按 Esc 键可以结束放置。

(2) Symbol standard：选取采用的元器件符号标准，其中 ANSI 为美国标准，DIN 为欧洲标准。

(3) Positive Phase Shift Direction：变换交流信号源的真实相位，有正弦和余弦两种选择。

(4) Digital Simulation Settings：数字仿真设置，有理想和真实两种选择，默认为理想。

4) General 选项卡

General 选项卡为普通的设置，界面如图 2.2.4 所示。该选项卡主要有 3 个选项区域 Selection Rectangle（选择矩形）；Mouse Wheel Behaviour（鼠标滚轮作用）；Autowire（自动接线方式）。

2. 电路图属性设置

执行 Options→Sheet Properties 或者 Edit→Properties 命令，打开 Sheet Properties 对话框，内有 6 个选项卡。用户可以根据自己的喜好对各种参数进行设置选择。

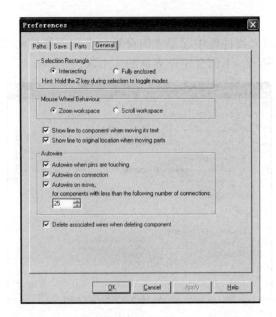

图 2.2.4　总体参数选择对话框之 General 选项卡

1) Circuit 选项卡

Circuit 选项卡的界面如图 2.2.5 所示,包括 Show 和 Color 两个选项区域,Show 区设置元件和连线上要显示的文字项目等,如 Labels 元件的标识、RefDes 元件的序号,Values 显示元件的参数值,Attributes 显示元件属性等。Color 区设置编辑窗口内的元器件、引线及背景的颜色。

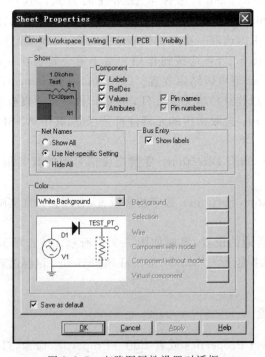

图 2.2.5　电路图属性设置对话框

2) Workspace 选项卡

Workspace 选项卡是对电路工作窗口显示的图样的设置,如图 2.2.6 所示,包括 Show 区和 Sheet size 区。Show 区包括图纸的 3 个复选框:Show grid(显示栅格)、Show page bounds(显示纸张边界)和 Show border(显示边框)。Sheet size 仅用于设置图纸的规格及摆向。

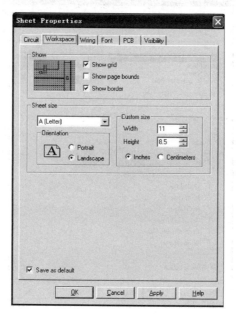

图 2.2.6 电路图属性对话框之 Workspace 选项卡

3) Wiring 选项卡

设置电路中导线的宽度及连接方式,如图 2.2.7 所示。

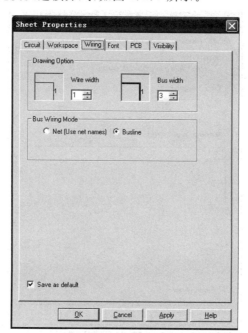

图 2.2.7 电路图属性对话框之 Wiring 选项卡

4) Font 选项卡

Font 选项卡设置元件的标识和参数、元器件属性、节点或引脚的名称、原理图文本等文字。Font 选项卡的界面如图 2.2.8 所示,设置方法与一般文本处理程序相同,不再赘述。

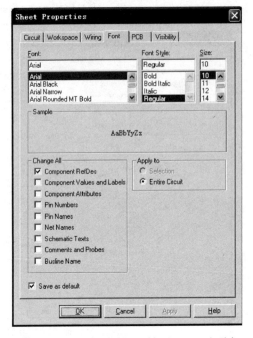

图 2.2.8　电路图属性对话框之 Font 选项卡

5) PCB 选项卡

PCB 选项卡选择 PCB 的接地方式,PCB 选项卡的界面如图 2.2.9 所示。

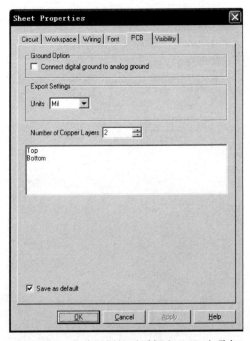

图 2.2.9　电路图属性对话框之 PCB 选项卡

6) Visibility 选项卡

Visibility 选项卡为提高可视性的设置，包括 Fixed Layers 和 Custom Layers 两项，Visibility 选项卡的界面如图 2.2.10 所示。

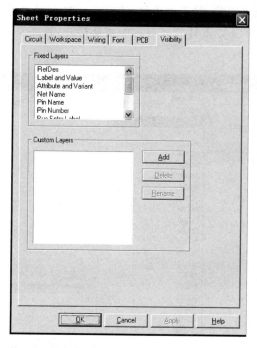

图 2.2.10　电路图属性对话框之 Visibility 选项卡

2.2.2 元器件的操作

Multisim 9 中的元器件种类繁多，有现实元件，也有虚拟元件。虚拟元件又有 3D 元件、定值元件和任意值元件之分。开发新产品必须使用现实元件；设计验证新电路原理，采用虚拟元件较好；不同类型的元件存放于不同的元器件库中，提取的路径自然不同，但操作方法是一样的。下面以现实元件创建图为例，说明元器件的操作。

1. 元器件的选用和调入

下面以 NPN 晶体管 2N2712 为例，说明元器件的选用和调入。

（1）将鼠标移到含有晶体管元器件的分类元器件库图标 上，该图标会上凸，并在图标右下方出现该图标英文名称。对该图标按下鼠标左键，图标就会下凹；松开鼠标按键，晶体管元器件库即被打开。

（2）在 Database 区域选择 Master Database，可供选择的数据库还有 Corporate Database 与 User Database。

（3）在 Group 区域选择 Transistors 晶体管，可供选择的组还有 Sources、Basic 等其他元器件库。

（4）在 Family 区域单击 BJT_NPN，如果选择其他元件可以找到对应型号选择。

（5）在 Component 区域选择 2N2712，如图 2.2.11 所示，然后单击 OK 按钮。晶体管库自动关闭，鼠标指针下出现一个黑色的晶体管图标，并随鼠标拖动。当移动到适当位置后，单击鼠标左键，晶体管放置于此，但变为蓝色，并带有元件型号和编号。调出的晶体管放置前后的变化如图 2.2.12 所示。晶体管元器件库重新打开，若还要添加元件，可继续进行，否则将其关闭。

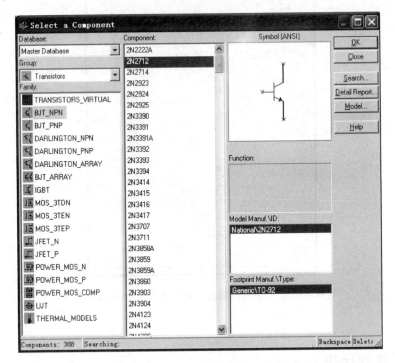

图 2.2.11　选定 2N2712 后的图示界面

对于同一封装内包含多个相同基本单元的集成电路，单击元器件库的 OK 按钮后，会出现如图 2.2.13(a)所示的选择框，通常按顺序选用，当单击 A 后，选择框会变成如图 2.2.13(b)所示的那样。如果需要继续放置，可单击 B、C 等按钮。否则单击 Cancel 按钮停止。也可以按 Esc 键停止放置。

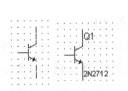

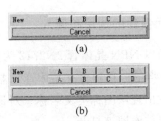

图 2.2.12　调出的晶体管放置前后的变化　　图 2.2.13　集成电路选择框

2. 元器件的移动

由于每个电路都是由许多元器件组成的，通常都是先将组建电路所需的元器件一次性取出,其初始位置大多随意放置的,并不是电路组成的合适位置,要重新布局。这就要对元器件进行移动。

元器件移动的方法:将鼠标移到需要移动的元器件上,按下鼠标左键并移动鼠标,该元器件就随鼠标在工作区内随意移动,到达理想位置后,释放鼠标左键,该元器件即放置于此。

3. 元器件的选中

在电路连接或改动时,有时需要对某些器件进行剪切、粘贴、复制、删除、旋转、翻转等操作,这就要选中该元件,方法是单击某元件,该元器件即被选中;要取消选择只需单击空白处即可。

4. 元器件的剪切、粘贴、复制和删除

对元器件的剪切、粘贴、复制和删除的操作方法有多种。

(1) 最快捷、处手段最多、也不需要预先选中的方法是:用鼠标右键直接单击处置元器件,打开处置对话框,再选用相关命令。右击处置元件,打开的快捷菜单如图 2.2.14 所示。

(2) 选中元器件以后,右击电路空白区,打开如图 2.2.15 所示的快捷菜单,再选择相关命令。

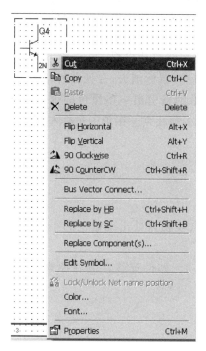

图 2.2.14　右击处置元器件后的快捷菜单

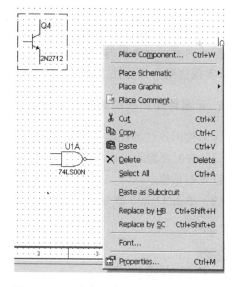

图 2.2.15　右击电路空白区后的快捷菜单

(3) 选中元器件以后,执行 Edit 命令,打开编辑菜单,再选用相关命令。

(4) 选中元器件以后,使用系统工具栏中相关按钮。但这种方法不能进行删除。

(5) 选中元器件以后,直接按组合键,如 Ctrl+X 键(剪切)、Ctrl+C 键(复制)、Ctrl+V 键(粘贴)等。

5. 元器件的旋转与翻转

元器件的旋转与翻转的操作方法也有多种。方法如下：

（1）用鼠标右键直接单击处置元器件打开处置对话框，再选用相关命令，如图 2.2.14 所示。

（2）选中元器件以后，执行 Edit→Orientation 命令，打开下拉菜单，再选用相关命令。

（3）选中元件以后，直接按组合键，如 Alt＋X 键（水平翻转）、Alt＋Y 键（垂直翻转）、Ctrl＋R 键（顺时针旋转 90°）、Ctrl＋Shift＋R 键（逆时针旋转 90°）等。

2.2.3 电路的连接

1. 元器件的连接

任何元器件的引脚上都可以引出一条连接导线，并且这条导线也一定能连接到另外一个元器件的引脚，或者另外一条导线上。如果一个元器件的引脚靠近一条导线或另外一个元器件的引脚，连接会自动地产生。步骤如下：

（1）用鼠标左键按住欲连接的元器件，拖动并靠近被连接的元器件引脚或被连接的导线。

（2）当两个元器件引脚相接处或者引脚与导线相接处出现一个小红圆点时，释放左键，小红点消失。

（3）按下鼠标左键，将元器件拖离至适当位置，连接线自动出现。

也可以这样操作：将鼠标指向某元器件的一个端点，鼠标消失，在元器件端点处出现一个带十字的小圆黑点。单击鼠标左键，移动鼠标，会沿网格引出一条黑色的虚直线或折线。将鼠标拉向另一元器件的一个端点，并使其出现一个小圆红点。在单击鼠标左键，虚线变成红色，实现这两个元器件之间的有效连接。

2. 元器件间连线的删除与改动

元器件间连线的删除步骤如下：

（1）右击要删除的连线，该连线被选中，在连接点及拐点处出现蓝色的小方点，并打开连线设置对话框。

（2）单击 Delete 命令，对话框及连线消失。改动元器件连线在删除原来接线后重新进行。

2.2.4 总线的操作

1. 总线的放置

总线可以在一张电路图中使用，也可以通过连接器连接多张图样。一张电路图中，可以有一条总线，也可以有多条。不是同一条总线，只要它们的名字相同，它们就是相通的，即使相距很远，也不必实际相连。总线放置的具体步骤如下：

(1) 单击元器件工具栏中的放置总线按钮 ♫,或执行 Place→Bus 命令,鼠标消失,出现一个带十字花的小圆黑点。

(2) 用鼠标将小圆黑点拖到总线起点位置,用鼠标左键单击,该处出现一个黑色方点。

(3) 拖动鼠标,会引出一条黑色的虚线。到总线的第 2 点,再用鼠标左键单击,又出现一个小方点,直至画完整条总线。

(4) 用鼠标左键双击结束画线,细的虚线变成一条粗黑线。

(5) 总线可以水平放置、也可以垂直放置、还可以 45°角倾斜放置。可以是一条直线,也可以是有多个拐点的折线。

2. 元器件与总线连接

元器件的接线端都可以与总线连接,连接步骤如下:

(1) 将鼠标指向元器件的端点,当在元器件端点处,鼠标箭头变成一个带十字花的小圆黑点时,单击鼠标左键。

(2) 拖动鼠标,移向总线。当靠近总线,并出现折弯时,单击鼠标左键。

(3) 出现如图 2.2.16 所示的登录总线对话框,若有必要,修改引线编号,单击 OK 按钮确认。

(4) 引线与总线连接处的折弯,可有两个方向,既可以向上,也可以向下。

(5) 将所有元器件的相关接线端逐一与总线连接,注意根据需要修改引线编号。

3. 合并总线

在大型数字电路图中,为使图样整洁和连接方便,常将多条总线合并使用。具体做法如下:

(1) 双击需要更名的总线,打开改线的属性对话框,总线属性对话框如图 2.2.17 所示。

图 2.2.16　登录总线对话框

图 2.2.17　总线属性对话框

(2) 修改总线名称(编号),单击 OK 按钮,出现总线更名对话框,如图 2.2.18 所示。

(3) 单击"是"按钮确认,打开如图 2.2.19 所示的总线合并对话框。

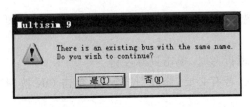

图 2.2.18　总线更名对话框

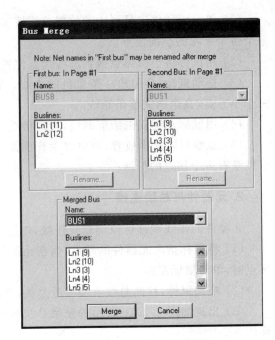

图 2.2.19　总线合并对话框

(4) 单击 Merge 按钮合并。将 BUS8 总线和 BUS1 总线合为一条，名字为 BUS1。

(5) 根据需要将需要合并的总线逐一合并。

2.2.5　子电路和多页层次设计

当在电路设计当中，遇到较大的电路或某块电路重复多次时，往往需要把整个电路当中的某部分或某块重复的电路设计成子电路，这样有利于整个电路的显示和设计。

1. 创建子电路

创建子电路的过程如下：

(1) 先创建原始电路，或直接打开原有电路。

(2) 为了便于电路的连接，需要对子电路添加输入/输出端口。方法是，利用 Ctrl+I 快捷键或执行 Place→Connectors→HB/SC Connector 命令，提取端口图标并与电路连接；调节右侧端口的方向和位置，添加端口后的电路图如图 2.2.20 所示。

(3) 用鼠标左键拖出一方块区域，将要变成子电路的电路图圈起，然后右击电路空白处，打开元器件处置对话框，选择 Replace by SC，打开 Subcircuit Name 对话框，输入子电路名称，单击 OK 按钮确认，打开子电路名称对话框，如图 2.2.21 所示，最后创建的子电路出现在工作区，如图 2.2.22 所示。

2. 子电路的复制和修改

打开应用子电路的新窗口，在空白处右击，在打开的对话框中单击 Paste as Subcircuit

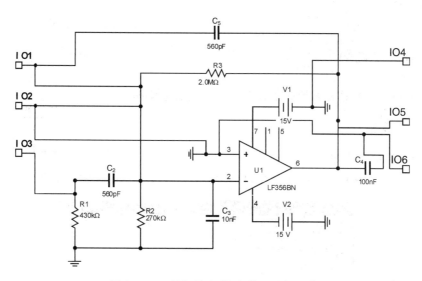

图 2.2.20　添加输入/输出端口后的电路

 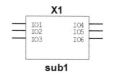

图 2.2.21　子电路名称对话框　　图 2.2.22　创建的子电路

命令。再在打开的对话框中输入子电路的名称,于是子电路就以一个元器件的形式显示在新电路窗口中。进而与其他电路相连接。

如需对子电路属性进行修改,可用双击其图标,即出现如图 2.2.23 所示的子电路编辑对话框。单击 Edit HB/SC 按钮,打开图 2.2.20 所示电路,即可对其电路参数进行修改。

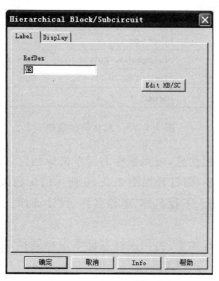

图 2.2.23　子电路编辑对话框

2.2.6 添加文本说明

在电路设计当中,往往需要添加标题栏或一些文字说明。

1. 添加标题栏

添加标题栏的步骤如下:

(1) 执行 Place→Title Block 命令,打开如图 2.2.24 所示的标题样本文件夹。

图 2.2.24 标题样本文件夹

(2) 从所列模式中任选其一并打开,所选标题栏即随鼠标移动,通常置于工作区的四角之一,按鼠标左键释放,默认的标题栏如图 2.2.25 所示。

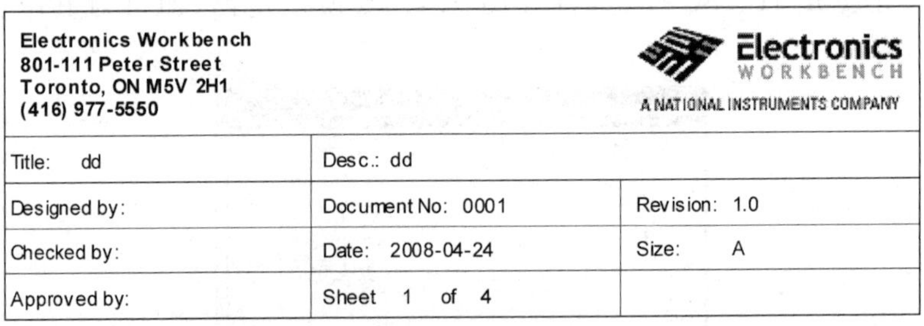

图 2.2.25 默认的标题栏

(3) 若要添加或修改标题信息,可用鼠标右键单击标题栏,即打开标题处置对话框。
(4) 单击 Properties 命令,即打开如图 2.2.26 所示的标题编辑对话框。
(5) 在标题对话框中,输入工程名称、电路名称、设计、时间、编号、批准、审核等信息,然后单击 OK 按钮确认。
(6) 若要对标题信息进行加工,再用鼠标右键单击标题栏,单击 Edit Title Block 命令,即打开标题编辑窗口,如图 2.2.27 所示。
(7) 在标题编辑窗口中,可以对标题栏的信息进行字体、字型、颜色、字号等设定。

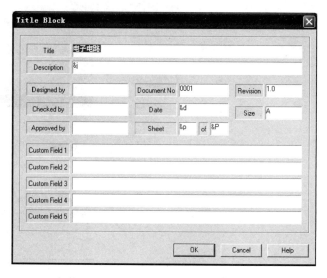

图 2.2.26 标题编辑对话框

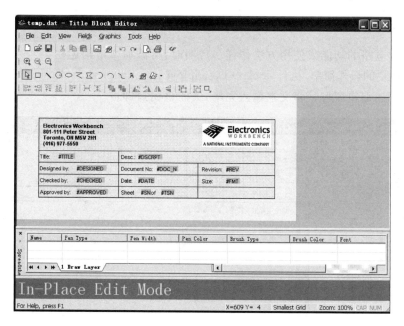

图 2.2.27 标题编辑窗口

2. 添加文本说明

添加文本说明方法简述如下：

（1）执行 Place→Text 命令，然后在要放置文本的位置单击鼠标，即出现如图 2.2.28 所示的文本放置块。在文本块中输入文字，完成后单击空白区，即完成输入。若需进行改变文字的颜色，变更字体，删除内容等操作可用鼠标右键单击文本，打开如图 2.2.29 所示的文本设置对话框，找到相应的项进行修改。

（2）如果用鼠标左键按住文本，可将其移动到任何位置。

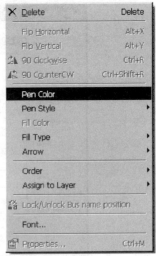

图 2.2.28　文本放置块　　　　　图 2.2.29　文本设置对话框

3. 添加文本阐述栏

当需要对电路的功能或使用方法作详尽说明时,可添加文本阐述栏。

文本阐述栏的操作简单,执行 Tools→Description Box Editor 命令,即可打开如图 2.2.30 所示的电路阐述编辑窗口。将文本输入完毕,关闭该窗口即可。

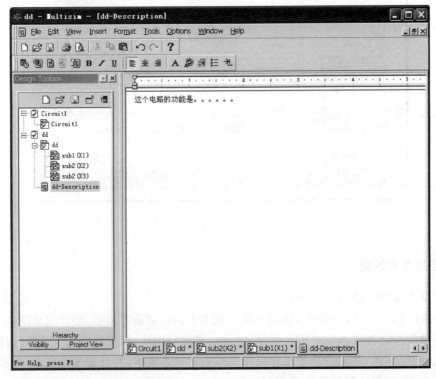

图 2.2.30　电路阐述编辑窗口

第 3 章

Multisim 9元件库

3.1 Multisim 9 元件库及其使用

3.1.1 电源库

电源库中共有 30 多个电源器件,有为电路提供电能的功率电源,有作为输入信号的各式各样的信号源及产生电信号转变的控制电源,还有一个接地端和一个数字电路接地端。Multisim 9 把电源类的器件全部当作虚拟器件,因而不能使用 Multisim 9 的元件编辑工具对其模型及符号等进行修改和重新创建,只能通过自身的属性对话框对其相关参数直接进行设置。在将电路文件输出给 PCB 版图设计等程序时,不输出电源(不管是独立源还是受控源及接地端)。

(1) ⏚ 接地端。在电路中,"地"是一个公共参考点,电路中所有的电压都是相对于该点而言的电位差。在一个电路中,原则上应该有一个且只能有一个"地"。在 Multisim 9 电路图上可以同时调用多个接地端,但它们的电位都是 0V。并非所用电路都要接地,但下列情况应该考虑接地:

① 运算放大器、变压器、各种电压源、示波器、波特图示仪及函数发生器等必须接地。
② 含模拟和数字元件的混合电路必须接地。

(2) ⏚ 数字接地端。在实际数字电路中,许多数字元件需要接上直流电源才能工作,而在原理图中并不直接表示出来。为更接近于现实,Multisim 9 在进行数字电路的 Real 仿真时,电路中的数字元件要接上示意性的电源,数字接地端是该电源的参考点。

(3) ⏚ V_{CC} 电压源。直流电压源的简化符号,常用于为数字元件提供电能或逻辑电平。双击其符号,打开 Digital Power 对话框可以对其数值进行设置,正或负值均可。但要注意如下几点:

① 同一个电路只能有一个 V_{CC},如有另一个数字电源,可打开 Digital Power 对话框,修改其 Reference ID 项,如改为 V_{CC1}。
② V_{CC} 用于为数字元件提供能源时,可以示意性地放置于电路中,不必与任何器件相连。但如电路中已有与电路连接的 V_{CC},这个示意性的 V_{CC} 则不必再设。
③ 也可以当作直流电源作用于模拟电路。

(4) ⏚ V_{DD} 电压源。V_{DD} 与 V_{CC} 基本相同。当作为 CMOS 器件提供直流电源进行 Real 仿真时,只能用 V_{DD}。

(5) ⏚ V_{EE} 电压源。V_{EE} 与数字接地端基本相同。

(6) V_{SS}电压源。V$_{SS}$为CMOS器件提供直流电源。

(7) 直流电压源。这是一个理想直流电压源，与实际电源不同之处在于，使用时允许短路，但电压值降为零。

(8) 交流功率源。

(9) 三角形接法三相电压源，Y型接法三相电压源。

(10) 脉冲电压源。

(11) 脉冲电流源。

(12) 直流电流源。这是一个理想的直流电流源，与实际电源不同之处在于，使用时允许开路，但电流值将降为零。

(13) 正弦交流电流源。

(14) 交流电压源。

(15) 时钟电压源。

(16) 时钟电流源。

(17) 调幅信号源。

(18) 指数电压源。

(19) 指数电流源。

(20) 调频电压源。

(21) 调频电流源。

(22) 分段线性电压源。

(23) 分段线性电流源。

(24) FSK信号源。

(25) 热噪声源。

(26) 电压控制电压源。

(27) 电压控制电流源。

(28) 电流控制电压源。

(29) 电流控制电流源。

(30) 压控分段线性源。

(31) 受控单脉冲。

(32) 多项式源。

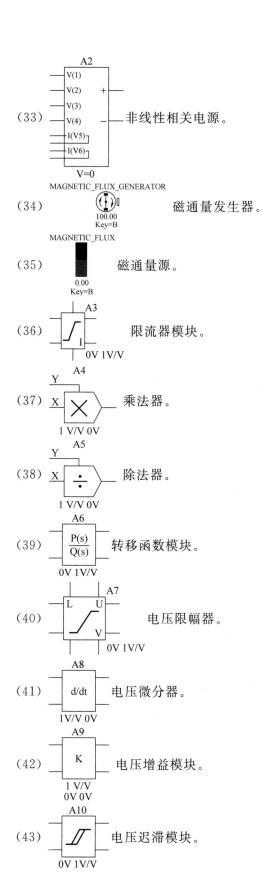

(33) 非线性相关电源。

(34) 磁通量发生器。

(35) 磁通量源。

(36) 限流器模块。

(37) 乘法器。

(38) 除法器。

(39) 转移函数模块。

(40) 电压限幅器。

(41) 电压微分器。

(42) 电压增益模块。

(43) 电压迟滞模块。

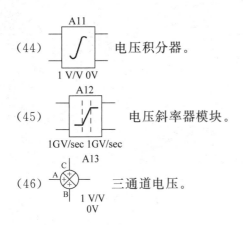

(44) 电压积分器。

(45) 电压斜率器模块。

(46) 三通道电压。

3.1.2 基本元件库

基本元件库中有现实元件箱 20 个,虚拟元件箱 3 个。现实元件箱中的电阻、电容、电感等元件是非常精确的,考虑了误差和温度特性。另外 Multisim 9 中现实电阻电气参数中有耗散功率一项,但由于仿真中无法显示其影响,这一点与实际情况不相同。

(1) BASIC_VIRTUAL:基本虚拟器件。它包含一些虚拟继电器、虚拟电感、虚拟电容以及虚拟电压控制电阻器等基本元件。

(2) RATED_VIRTUAL:常用虚拟器件。它包含一些常用的电子元器件,如二极管、结型场效应管、电阻等。

(3) 3D_VIRTUAL:立体效果的虚拟器件。它包含一些立体视图的结型场效应晶体管、电阻、发光二极管、555、电机等。

(4) RESISTOR:电阻组。

(5) RESISTOR_SMT:微型表面贴装电阻组。

(6) RPACK:电阻排组。电阻排有两类:一是定值电阻排;二是可设定值的电阻排。其每一类又有单列排阻和双列排阻两种。

(7) POTENTIOMETER:可变电阻组。电位器为可调电阻。元件符号旁边所显示数值,如"100k_LIN,Key=A,70%",100k 表示两固定端点 1 和 3 间的电阻值为 100kΩ。70%表示滑动端 2 与固定端 1 间电阻占总电阻的 70% 。电位器滑动端的移动(仅是百分数的改变)则是通过按键盘上某键来实现(默认 Key=A,即 A 键,按小写字母百分比减小,大写字母则增加)。控制"按键"可以通过双击电位器图标在其属性对话框中修改,同时还可以修改每次按键的增减率。

(8) CAPACITOR:无极性电容组。不考虑误差和耐压。

(9) CAP_ELECTROLIT:电解电容组。

(10) CAPACITOR_SMT:微型表面贴装电容组。

(11) CAP_ELECTROLIT_SMT:微型表面贴装电解电容组。

(12) VARIABLE_CAPACITOR:可变电容组。

(13) INDUCTOR:电感组。

（14）INDUCTOR_SMT：微型表面贴装电感组。

（15）VARIABL_INDUCTOR：可变电感组。

（16）SWITCH 开关组。包括：电流控制开关、单刀双掷开关、单刀单掷开关、时间延迟开关、电压控制开关、拨码器和单刀单掷开关组。功能与单刀单掷开关相同。

（17）TRANSFORMER：变压器。

（18）NON_LINEAR_TRANSFO：非线性变压器。

利用该变压器可以构成诸如非线性磁饱和、一、二次绕组损耗、一、二次绕组漏感及磁心尺寸大小等物理效果。

（19）Z_LOAD：理想化模型。

（20）RELAY：继电器。

（21）CONNECTORS：连接器。

（22）SOCKETS：插座。

（23）SCH_CAP_SYMS：电路图元件符号系统。仅用作原理图制作，没有多大实用价值。

3.1.3 二极管库

二极管库中包含有 9 个元件箱和一个虚拟元件箱。虽然仅有一个虚拟元件箱，但发光二极管元件箱中存放的都是交互式元件，其处理方式也基本等同于虚拟元件。

（1）DIODES_VIRTUAL：虚拟二极管。

它相当于一个理想二极管，其 spice 模型参数使用的都是默认值，也可以打开其属性对话框，单击 Edit Model 按钮，在其对话框中修改模型参数。

（2）DIODE：二极管组。

（3）ZENER：齐纳二极管组。

齐纳二极管组即稳压二极管，其特性参数需要用户自行查询有关手册，也可以单击其属性对话框中的 Edit Model 按钮，打开 Model 编辑对话框读取有关数据，02DZ4.7 的稳压值为 4.7V。

（4）LED：发光二极管。

发光二极管有 6 种不同颜色的发光管，还有不同颜色的二极管组，在使用时需要注意以下两点：

① 该器件在有正向电流流过时才发光，其正向压降比普通二极管大，如红色发光二极管正向压降约 1.1V 或 1.2V，绿色发光二极管正向压降约 1.4V 或 1.5V。

② Multisim 9 把发光二极管归类为交互式元件，不允许对其进行编辑。

（5）FWB：全波桥式整流器。

（6）SCHOTTKY_DIODE：肖特基势垒二极管。它是一种快恢复稳压管。

（7）SCR：单向晶闸管整流器。晶闸管整流器简称 SCR，又称固体闸流管。只有当正向电压超过正向转折电压，并且有正向脉冲电流流入门极时，SCR 才导通，此后门极电压不再起控制作用。只有 A、K 间电压反向或小到不能维持一定电流时，SCR 才断开。

（8）DIAC：双向开关二极管。该元件相当于两个背靠背的肖特基二极管并联，是依赖于双向电压的双向开关。当电压超过开关电压时才有电流流过二极管。

（9）TRIAC：双向晶闸管。该器件是双向开关，可使电流双向流过该器件，可把它看作是两个单向晶闸管背靠背并联，只有在阳极、阴极之间的双向电压大于转折电压，且有正向电流流进门极（又称控制极），才允许电流流过器件。

（10）VARACTOR：变容二极管。变容二极管是一种在反偏时具有相当大的结电容的 PN 结二极管，这个结电容的大小受加在二极管两端的反偏电压大小的控制。因此，变容二极管相当于一个电压控制电容器，常用于需要改变电容值的电路中。

3.1.4 晶体管库

晶体管库有 30 个元件箱，其中 14 个现实元件箱，都是以 Spice 格式编写的，由较高精度的晶体管模型。还有 16 种虚拟晶体管，虚拟晶体管相当于理想的二极管，其 Spice 模型参数都使用默认值。通过打开其属性对话框，单击 Edit Model 按钮，可以在其 Model 对话框中对其模型参数进行修改。

（1）TRANSISTORS_VIRTUAL：虚拟晶体管。虚拟晶体管包含一些双极型晶体管、结型场效应晶体管、金属氧化物绝缘栅场效应晶体管等虚拟器件。

（2）BJT_NPN：NPN 型晶体管。

（3）BJT_PNP：PNP 型晶体管。

（4）DARLINGTON_NPN：达林顿 NPN 型管。

（5）DARLINGTON_PNP：达林顿 PNP 型管。

（6）DARLINGTON_ARRAY：功率驱动晶体管组。

（7）BJT_ARRAY：双极型晶体管阵列。

① PNP 型晶体管阵列，适用于低频小功率电路。

② NPN/PNP 型晶体管阵列，常用在信号处理和从直流到甚高频的开关电路中，以及灯泡和继电器驱动电路、差分放大器、晶闸管触发电路和温度补偿放大器中。

（8）IGBT：它是一种 MOS 门控制的功率开关管，具有非常小的导通阻抗。在结构上 IGBT 与 MOS 门半导体晶闸管相似，但是工作状态有所不同，工作原理请参考有关书籍。

（9）MOS_3TDN：三端 N 沟道耗尽型 MOS 管。

（10）MOS_3TEN：三端 N 沟道增强型 MOS 管。

（11）MOS_3TEP：三端 P 沟道增强型 MOS 管。

（12）JFET_N：N 沟道 JFET。

（13）JFET_P：P 沟道 JFET。

（14）POWER_MOS_N：N 沟道功率 MOSFET。

（15）POWER_MOS_P：P 沟道功率 MOSFET。

（16）POWER_MOS_COMP：MOS 功率对管。

（17）UJT：单结晶体管。

（18）THERMAL_MODELS：MOSFET 的热传导模型。

3.1.5 模拟元件库

模拟元件库有以下几类器件,其中 4 个是虚拟器件。

(1) ANALOG_VIRTUAL:虚拟运放。该运放是一种虚拟器件,其包含有三端虚拟放大器、五端虚拟运放、七端虚拟放大器、虚拟比较器。

(2) OPAMP:运算放大器。该元件箱有五端、七端和八端运算放大器,采用的是宏模型。

(3) OPAMP_NORTON:诺顿运放。

(4) COMPARATOR:比较器。

(5) WIDEBAND_AMPS:宽带运放。

(6) SPECIAL_FUNCTI:特殊功能运放。

① 测试运放;

② 视频运放;

③ 乘法器/除法器;

④ 前置放大器;

⑤ 有源滤波器。

3.1.6 TTL 元件库

1. TTL 元件库组成

TTL 元件库有以下 6 个系列:

(1) 74STD:74STD 系列。它是普通型集成电路,列表中显示 7400、7490……。

(2) 74LS:74LS 系列。它是低功耗肖特基型集成电路,列表中显示 74LS00、74LS93……。

(3) 74S:74S 系列。

(4) 74F:74F 系列。

(5) 74ALS:74ALS 系列。

(6) 74AS:74AS 系列。

2. TTL 元件库使用注意事项

TTL 元件库含有 74 系列的 TTL 数字集成逻辑器件,使用时需要注意以下几点:

(1) 74STD 是标准型,74LS 是低功耗肖特基型,应根据具体要求选择。

(2) 有些器件是复合型结构,如 7400N,在同一个封装里有 4 个相互独立的二输入端与非门(A、B、C、D),其功能一样,可以任选一个。

(3) 同一个器件如有多种封装形式,如 74LS138D 和 74LS138N,则当仅用于仿真分析时,可以任意选取;当要把仿真的结果传送给 Ultiboard 等软件进行印刷板版图设计时,一定要区分选用。

(4) 含有 TTL 数字器件的电路进行 Real 仿真时,电路窗口中要有数字电源符号和相应的数字接地端,通常 VCC=5V。

(5) 这些器件的逻辑关系可以参阅有关手册,也可以打开 Multisim 9 的 Help 文件得到帮助。

(6) 器件的某些电气参数,如上升延迟时间和下降延迟时间等,可以通过单击其属性对话框中的 Edit Model 按钮,从对话框中读取。

3.1.7 CMOS 元件库

1. CMOS 元件库组成

CMOS 元件库包括:
(1) CMOS_5V:4XXX/5V 系列。
(2) CMOS_10V:4XXX/10V 系列。
(3) CMOS_15V:4XXX/15V 系列。
(4) 74HC_2V:74HC/2V 系列。
(5) 74HC_4V:74HC/4V 系列。
(6) 74HC_6V:74HC/6V 系列。
(7) TinyLogic_2V:微型逻辑器件 NC2V 系列。
(8) TinyLogic_3V:微型逻辑器件 NC3V 系列。
(9) TinyLogic_4V:微型逻辑器件 NC4V 系列。
(10) TinyLogic_5V:微型逻辑器件 NC5V 系列。
(11) TinyLogic_6V:微型逻辑器件 NC6V 系列。

2. CMOS 元件使用注意事项

CMOS 元件库使用时应注意以下几点:
(1) 电路出现 CMOS 数字 IC 时,如果要得到精确的结果,必须在电路窗口中放置一个 VDD 电源符号,其参数根据 CMOS 要求确定。同时还要放置一个数字地符号,这样电路中的 IC 才能获得电源。
(2) 当某器件为复合封装或同一模型有多个型号时,处理方法与 TTL 电路一样。

3.1.8 混合数字器件库

混合数字器件库包含以下器件。
(1) TIL:数字逻辑器件,库中元件都是虚拟器件,不能转换成电路板图文件,其中有与门、或门、非门、或非门、与非门、异或门、异或非门、缓冲寄存器、三态缓冲寄存器、施密特触发器等。
(2) VHDL:它们是用 VHDL 硬件描述语言编写的数字逻辑器件模型。
(3) DSP:DSP 数字芯片组。

(4) FPGA：FPGA 芯片组。

(5) PLD：PLD 芯片组。

(6) CPLD：CPLD 芯片组。

(7) MICROCONTROL：微控制器系列芯片组。

(8) MICROPROCESS：微控制器系列芯片组。

(9) LINE_TRANSCEI：MAX 系列线驱动和收、发芯片组。

3.1.9 混合芯片库

混合芯片库有 5 个器件组：

(1) MIXED_VIRTUAL：混合虚拟芯片组。混合虚拟芯片组中包含有虚拟开关、虚拟锁相环、虚拟定时器、单稳态等。虚拟开关的测试如图所示，注意电路符号中控制电压"＋"、"－"号位置。

(2) TIMER：定时器芯片组。

(3) ADC_DAC：AD 与 DA 转换器。

(4) ANALOG_SWITCH：模拟开关组。

(5) MULTIVIBRATORS：多谐振荡器组。

3.1.10 指示部件库

指示部件库中包含 8 种可以用来显示电路仿真结果的显示，Multisim 9 称为交互式器件（Interactive Component）。

(1) VOLTMETER：电压表。电压表的表头有 4 种接法，双击图标可设定测量交、直流电压。

(2) AMMETER：电流表。电流表的表头有 4 种接法，双击图标可设定测量交、直流电压。

(3) PROBE：电平探测器。它相当于一个发光二极管，但却只有一个端子，将其接入电路中某点，如果该点为高电平时，探测器发光。

(4) BUZZER：蜂鸣器。

(5) LAMP：灯泡。

(6) VIRTUAL_LAMP：虚拟灯泡。它的电压和功率可以通过对话框设定，烧坏后，若供电电压正常，它会自动恢复。

(7) HEX_DISPLAY：数码显示器。

① 带译码的七段数码显示器：它的引脚 1、2、3、4 分别对应数字信号的低位到高位。

② 不带译码的七段数码显示器(SEVEN_SEG_DISPLAY)：共阳数码管。

③ 不带译码的七段数码显示器(SEVEN_SEG_COM_K)：共阴数码管。

(8) BARGRAPH：条形光柱。

① BCD_BARGRAPH(带译码的条形光柱)：相当于 10 个 LED 串联，但只有一个阳极

和一个阴极。当电压超过某一电压值时，相应 LED 以下的数个发光管点亮。

② LVL_BARGRAPH：通过电压比较器来检测输入电压的高低，并把比较结果送给光柱中某个 LED 以显示电压高低，其余类似 BCD_BARGRAPH。

③ UNDCD_BARGRAPH（不带译码的条形光柱）：由 10 个 LED 并列，分别独立，正向压降为 2V。

3.1.11 其他部件库

（1） MISC_VIRTUAL（虚拟元件）：包括虚拟晶振、虚拟光电耦合器、虚拟真空管、虚拟熔断器。

（2） TRANSDUCERS：传感器。

（3） OPTOCOUPLER：光电耦合器件。

（4） CRYSTAL：晶振。

（5） VACUUM_TUBE：真空管。

（6） FUSE：熔丝。

（7） VOLTAGE_REGULATOR：稳压器器件组。大多数为三端器件，也称三端稳压器。

（8） VOLTAGE_REFERENCE：电压基准源模块器件组。

（9） BUCK_CONVERTER：开关电源降压转换器。

（10） BOOST_CONVERTER：开关电源升降压转换器。

（11） BUCK_BOOST_CONVERTER：开关电源升、降压转换器。

（12） LOSSY_TRANSMISSION_LINE：有损耗传输线。

（13） LOSSLESS_LINE_TYPE1：无损耗传输线 1。

（14） LOSSLESS_LINE_TYPE2：无损耗传输线 2。

（15） FILTERS：滤波器。

（16） MOSFET_DRIVER：金属氧化物场效应管驱动器。

（17） POWER_SUPPLY_CONTROLLER：功率电源补偿控制器。

（18） MISCPOWER：混合电压模块。

（19） PWM_CONTROLLER：脉宽调制控制器组。

（20） NET：网络。

（21） MISC：杂项元件组。

3.1.12 射频部件库

（1） RF_CAPACITOR：射频电容器。

（2） RF_INDUCTOR：射频电感。

（3） RF_BJT_NPN：射频 NPN 型晶体管。

（4） RF_BJT_PNP：射频 PNP 型晶体管。

(5) RF_MOS_3TDN：射频 MOSFET。

(6) TUNNEL_DIODE：隧道二极管。

(7) STRIP_LINE：带状线。

(8) FERRITE_BEADS：铁氧体磁环。

3.1.13 机电类元件库

(1) SENSING_SWITCHES：感测开关。

(2) MOMENTARY_SWITCHES：瞬态开关。

(3) SUPPLEMENTARY_CONTACTS：接触器。

(4) TIMED_CONTACTS：定时接触器。

(5) COILS_RELAYS：线圈，继电器。

(6) LINE_TRANSFORMER：线性变压器。

(7) PROTCTION_DEVICES：保护装置。

(8) OUTPUT_DEVICES：输出设备。

3.2 编辑元器件

3.2.1 创建一个新的元器件

下面以一个简单元件的元件编辑为例，说明如何创建一个新的元器件。例如要创建一个二极管。

(1) 单击设计工具栏中 按钮或执行 Tools→Component Wizard 命令，出现元件编辑对话框，如图3.2.1所示。

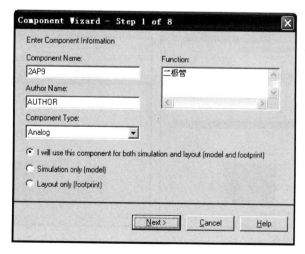

图 3.2.1 元件编辑对话框

在图 3.2.1 的 Component Name 中输入要编辑的元件名称,在 Author Name 中输入厂家名称,在 Component Type 中输入元件的类型,在 Function 中输入要编辑元件的功能;若选择 I will use this component for both simulation and layout(model and footprint)表明要编辑的元件不仅用于仿真,还要用于制作 PCB 等。若选择 Simulation only(model)表明编辑的元件仅用于仿真,如果选择 Layout only(footprint)则表明编辑的元件仅用于制板。单击 Next 按钮。

（2）图 3.2.2 是要编辑的元件引脚资料标签,可以在 Footprint Manufacturer 中输入元件厂商,在 Footprint Type 中输入引脚类型,单击其后的 Select a Footprint,出现如图 3.2.3 所示的封装模型选择窗口,图中有三个数据库,一般在主数据库(Master Database)中查找,选中后单击标签左下角 Select 按钮添加,出现如图 3.2.4 所示的输入引脚信息窗口。若选择 Single Section Component 将出现如图 3.2.5 所示的组合元件引脚设置窗口,表明编辑的元件是一个组合元件,里面有几个单元,在 Number of Sections 中输入单元数,在 Total Number of Pins 中输入元件总的引脚数等。单击 Next 按钮,出现如图 3.2.6 所示的符号资料输入窗口。

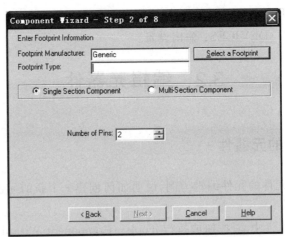

图 3.2.2　元件引脚资料界面

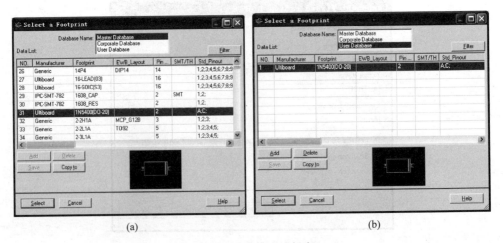

图 3.2.3　封装模型选择窗口

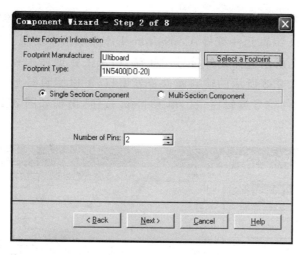

图 3.2.4 输入引脚信息窗口

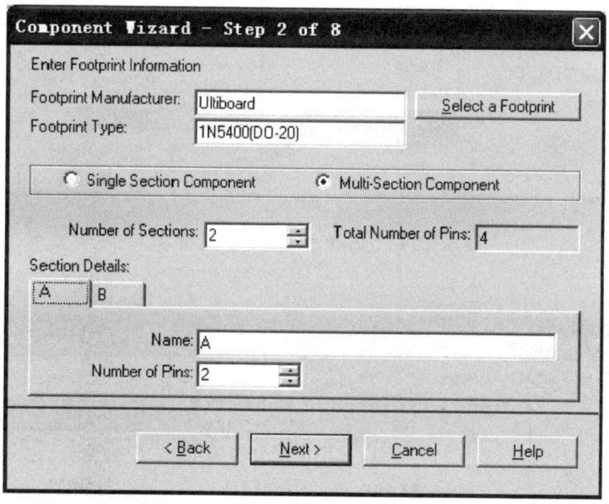

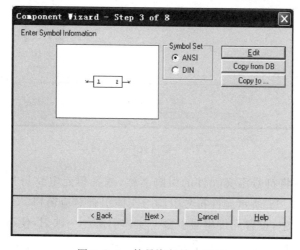

图 3.2.5 组合元件引脚设置窗口

图 3.2.6 符号资料输入窗口

(3) 图 3.2.6 为符号资料输入窗口,在 Symbol Set 中可以选择所编辑的元件符号是美式的还是欧式的;Edit 编辑元件符号,Copy from DB 从数据库复制。单击 Copy from DB 按钮,出现如图 3.2.7 所示选择元件符号图样窗口,从主数据库中查找相同符号的元件,单击 OK 按钮,如图 3.2.8 所示的输入元件符号窗口,可以编辑符号。单击 Edit 按钮,出现如图 3.2.9 所示元件符号编辑窗口。单击 Next 按钮,出现如图 3.2.10 所示的符号引脚参数设置窗口。

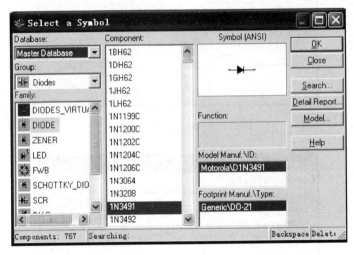

图 3.2.7　选择元件符号图样窗口

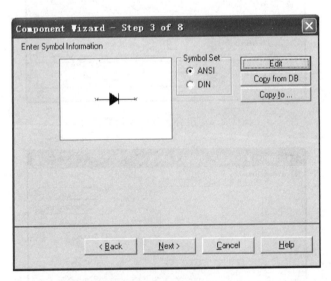

图 3.2.8　输入元件符号窗口

(4) 图 3.2.10 是将符号定义元件的引脚名称(或各单元电路符号的引脚序号)。单击 Next 按钮,出现图 3.2.11 所示元件符号引脚与实体引脚对应窗口。

(5) 在图 3.2.11 中,设置元件符号引脚与实体引脚一一映射,便于元件用于制作 PCB。单击 Next 按钮,出现图 3.2.12 所示元件模型编辑窗口,进入下一步设置。

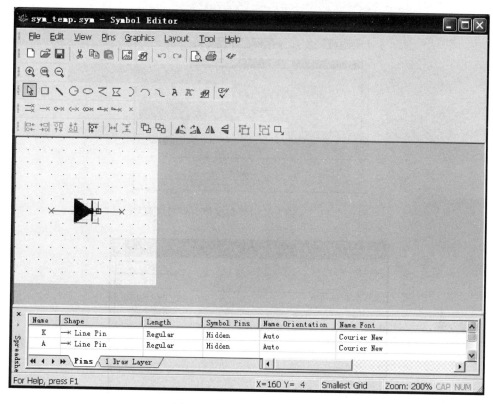

图 3.2.9　元件符号编辑窗口

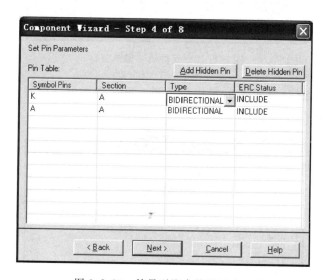

图 3.2.10　符号引脚参数设置窗口

（6）在图 3.2.12 中可选择仿真模型，单击 Select from DB 按钮，从数据库中选取；单击 Model Maker 按钮，从主数据库中选择；单击 Load from File 按钮，从自己已经制作好的模型中选取。这里选择模型非常灵活，可以是 Spice 模型，也可以是 VHDL 模型或 Verilog_HDL 等其他模型。单击 Select from DB 按钮，出现与图 3.2.7 相同的窗口，选中相近参数

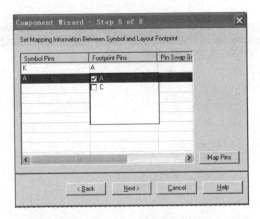

图 3.2.11 元件符号引脚与实体引脚对应窗口

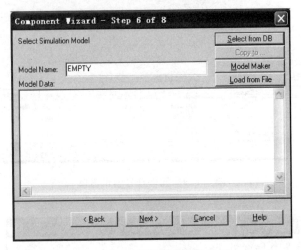

图 3.2.12 元件模型编辑窗口

的器件后,单击 OK 按钮,出现图 3.2.13 所示输入相近参数器件模型窗口,然后单击 Next 按钮,出现图 3.2.14 所示编辑符号引脚与模型引脚的映射窗口。

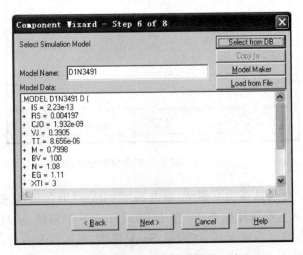

图 3.2.13 输入相近参数器件模型窗口

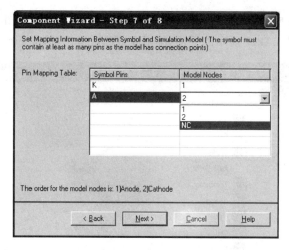

图 3.2.14　编辑符号引脚与元件模型引脚映射

(7) 在图 3.2.14 中,将元件符号引脚与元件仿真模型引脚进行映射,便于在仿真时实现其预定的电路功能,便于制作 PCB。单击 Next 按钮,出现器件编入用户库的"族"窗口,如图 3.3.15 所示。

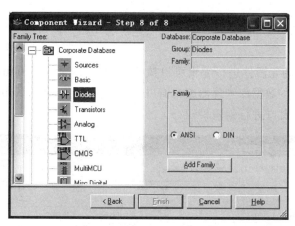

图 3.2.15　器件编入用户库的"族"窗口

(8) 在图 3.2.15 中,选择将编辑的器件添加到数据库中的哪一个元件组。编辑的元件只能存放于 User 库,Family 选择存放的方式:欧式或美式。选择 Diodes 组、ANSI,单击 Add Family 按钮添加,即出现如图 3.2.16 所示输入元件小组名窗口,进入下一步设置。

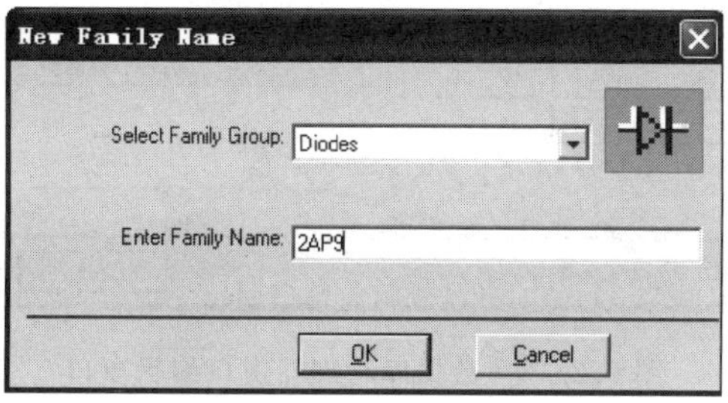

图 3.2.16　输入元件小组名窗口

（9）在图 3.2.16 中，将编辑的元件添加到选定的族（小组），输入小组名 2AP9，单击 OK 按钮添加，即出现如图 3.2.17 所示的界面，编辑完成确定窗口，单击 Finish 按钮即完成编辑。

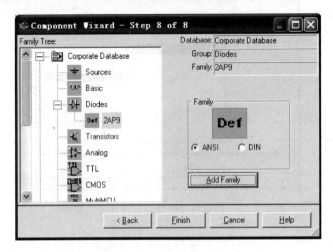

图 3.2.17 编辑完成确定窗口

3.2.2 编辑元器件

如需对元件库中的元器件进行编辑可以执行 Tools→Database→Database Manager 命令，出现如图 3.2.18 所示的数据库管理器编辑窗口，然后选定元件，单击 Edit 打开如图 3.2.19 所示的元器件属性编辑窗口进行编辑即可。

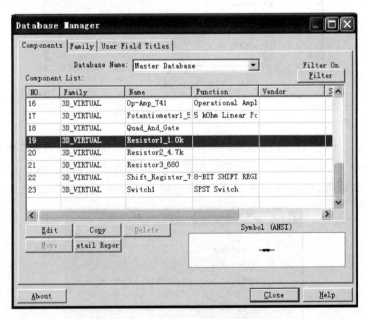

图 3.2.18 数据库管理器窗口编辑窗口

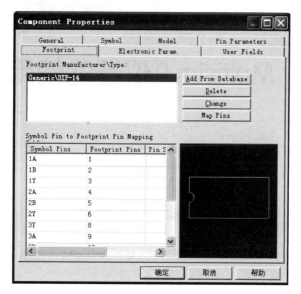

图 3.2.19　元器件属性编辑窗口

3.2.3 元件符号编辑器

在元器件属性编辑窗口中,选择 Symbol 选项卡,则出现元件符号编辑器窗口,如图 3.2.20 所示,可以对元件符号进行编辑。

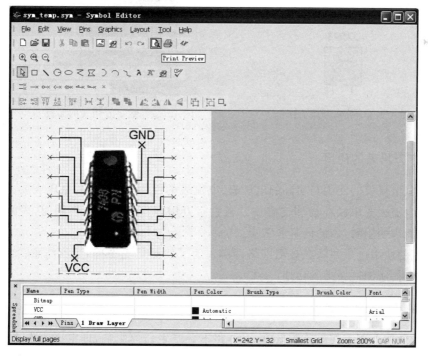

图 3.2.20　元件符号编辑器

第 4 章 Multisim 9 仪器的使用

本章介绍如何使用 Multisim 9 提供的多种虚拟仪器。

4.1 数字万用表

数字万用表(Multimeter)可以用来测量交、直流电压、电流和电阻,电压或电流可以用分贝(dB)形式显示。数字万用表的图标如图 4.1.1 所示。

1. 数字万用表的选择

双击数字万用表图标,窗口出现如图 4.1.2 所示数字万用表面板。从面板可见,数字万用表可以测电压 V、电流 A、电阻 Ω 和分贝值 dB。当需要选择某项功能时,只需在数字万用表面板上单击相应测量档位即可。被选中档位与其他档位颜色不同,如图 4.1.2 所示,选中电压档。

图 4.1.1　数字万用表图标　　　图 4.1.2　数字万用表的面板

2. 数字万用表的使用

电压表、电流表的使用与实际的电压表、电流表的使用是一样的,电压表要并联在被测元件两端,电流表要串联在被测支路中。当数字万用表作为电压表使用时,表的内阻非常大,用作电流表使用时,表的内阻非常小。

欧姆表的使用也是并联在被测网络两端。为了使测量更准确,应当注意:当被测网络为无源网络时,所测网络必须接地。

3. 数字万用表的设置

理想的数字万用表在电路测量时,对电路不会产生任何影响,即电压表不会分流,电流表不会分压,但在实际测量中都达不到这种理想要求,总会有测量误差。虚拟仪器为了仿真这种实际存在的误差,引入了内部设置。单击数字万用表面板上的 Settings(参数设置)按钮,弹出万用表参数设置对话框,如图 4.1.3 所示。从中可以对数字万用表内部参数进行设置。

- Ammeter resistance 用于设置与电流表串联的内阻,其大小影响电流的测量精度。
- Voltmeter resistance 用于设置与电压表并联的内阻,其大小影响电压的测量精度。
- Ohmmeter current 是指用欧姆表测量时,流过欧姆表的电流。
- dB Relative Value 用于设置分贝相对数值,预先设置为 774.597mV。

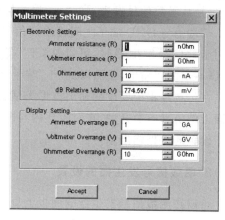

图 4.1.3　数字万用表参数设置对话框

4.2　函数信号发生器

函数信号发生器(Function Generator)是用来产生正弦波、方波、三角波信号的仪器,其图标如图 4.2.1 所示。

1. 函数信号发生器的选择

双击函数信号发生器的图标,窗口出现如图 4.2.2 所示的函数信号发生器的面板。面板上方有三个功能可供选择,分别是正弦波输出、方波输出和三角波输出按钮。面板中部也有几个参数可供选择,分别是输出信号的频率、输出信号的占空比、输出信号的幅度和输出信号的偏移量。需要说明的是输出信号的幅度是指"＋"端或"－"端对 GND 输出的振幅,若从"＋"端和"－"端输出,则输出的振幅为设置振幅的 2 倍,且此种接法在示波器上不能观察其正弦波输出,而方波和三角波则可观察得到。偏移量是指交流信号中直流电平的偏移,如果偏移量为 0,直流分量与 X 轴重合;如果偏移量为正值,直流分量在 X 轴的上方;如果偏移量为负值,直流分量在 X 轴的下方。调整占空比,可以调整输出信号的脉冲宽度,也可以使三角波变为锯齿波。

图 4.2.1　函数信号发生器的图标

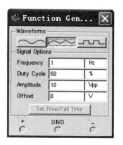

图 4.2.2　函数信号发生器的面板

2. 函数信号发生器的使用

在函数发生器面板的最下方有三个接线端子:"＋"端子、"－"端子、GND 端子(公共端)。把从函数信号发生器的"＋"端子与 GND 端子之间输出的信号称为正极性信号,而把从"－"端子与 GND 端子之间输出的信号称为负极性信号,两个信号大小相等,极性相反。使用函数信号发生器时,可以从"＋"端子与 GND 端子之间输出,也可以从"－"端子与 GND 端子之间输出,还可以从"＋"端子和"－"端子之间输出。

在仿真过程中要改变输出波形类型、大小、占空比或偏置电压时,必须先暂时关闭工作界面上的仿真电源开关,在对上述内容改变后,再启动仿真电源开关,函数信号发生器才能按新设置的数据输出信号波形。

3. 函数信号发生器的设置

可以在函数信号发生器的面板上直接设计输出信号的参数。各参数的设置范围如下：

- Frequency(频率)：1Hz～999MHz；
- Duty Cycle(占空比)：1%～99%；
- Amplitude(幅度)：0V～999kV(不含 0V)；
- Offset(偏移量)：－999kV～999kV。

4.3 电 度 表

电度表(Wattmeter)是用来测量功率和功率因数的仪器,其图标如图 4.3.1 所示。

下面介绍电度表的使用。

从电度表可知,电度表同时测得电压和电流两个值。要测量某个元件的功率,将电压档的两个端子并联在元件两端,将电流表串联在元件所在的支路中。

双击电度表图标,窗口出现如图 4.3.2 所示的电度表的控制面板。从面板可见,元件的功率将显示在上端屏幕中。

Power Factor 右侧屏幕用来显示功率因数。

图 4.3.1　电度表的图标　　　　图 4.3.2　电度表的控制面板

4.4 示 波 器

示波器(Oscilloscope)是用来观察信号波形并可测量信号幅度、频率、周期等参数的仪器。它与实际示波器一样,可以双踪输入,观测两路信号的波形。示波器的图标如图 4.4.1 所示。图标上有 3 个接线端子,分别是 A 通道输入端、B 通道输入端和外触发端。每个端子上有两条接线,分别为信号输入端和接地端。

1. 示波器的面板

双击示波器的图标,窗口出现如图 4.4.2 所示的示波器的面板。示波器的面板由两部分构成,上面是示波器的观察窗口,下面是示波器的控制面板。示波器的控制面板又分为 4 部分：Timebase(时间基准)部分、Trigger(触发)部分、Channel A(通道 A)部分和 Channel B(通道 B)部分。

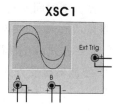

图 4.4.1 示波器的图标

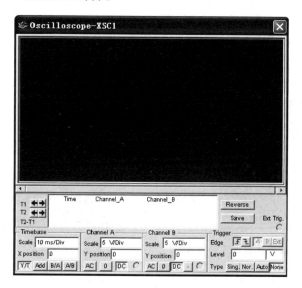

图 4.4.2 示波器的面板

2. 示波器的设置

单击示波器面板上的各种功能键可以设置示波器的各项参数。

1) 示波器时间基准的设置

图 4.4.3 是示波器控制面板上时间基准部分的设置。Timebase 用来设置 X 轴方向上时间基线的扫描时间。"××s/Div"(或"××ms/Div"、"××μs/Div")表示 X 轴方向上每一个刻度代表的时间。当测量变化缓慢的信号时,时间要设置的大一些;反之,时间要小一些。

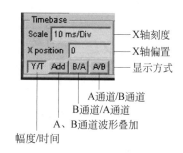

图 4.4.3 示波器时间基准的设置

(1) X position 表示 X 轴方向上时间基线的起始位置,改变其位置,可使时间基线左右移动。

(2) Y/T 表示 Y 轴方向显示 A、B 通道的输入信号,X 轴方向表示时间基线,是按设置的时间进行扫描的。

(3) B/A 表示 A 通道信号作为 X 轴扫描信号,将 B 通道信号施加在 Y 轴上。A/B 与上述相反。

(4) Add 表示 A、B 通道输入信号的叠加。

当显示随时间变化的信号波形(如正弦波、方波、三角波等)时,采用 Y/T 方式。

当显示放大器(或网络)的传输特性时,采用 B/A 方式(V_i 接至 A 通道,V_o 接至 B 通道)或 A/B 方式(V_i 接至 B 通道,V_o 接至 A 通道)。

2) 示波器触发方式(Trigger)的设置

图 4.4.4 是示波器控制面板上触发方式部分的设置。Edge 表示将输入信号的上升沿或下降沿作为触发信号。Level 用于设置触发电平。Type 用于设置触发信号。

3) 示波器输入通道(Channel)的设置

示波器有两个完全相同的输入通道 Channel A 和 Channel B,可以同时观察和测量两个信号。示波器输入通道的设置如图 4.4.5 所示。图中"××V/Div"(或"××mV/Div"、"××μV/Div")为放大、衰减量,表示屏幕的 Y 轴方向上每格相应的电压值。输入信号较小时,屏幕上显示的信号波形幅度也会较小,这时用"××V/Div"档,并适当设置其数值,使屏幕上显示的信号波形幅度大一些。Y position 表示时间基线在显示屏幕上的上下位置。当其值大于零时,时间基线在屏幕中线上方;反之在屏幕中线下方。当显示两个信号时,可分别设置 Y position 值,使信号波形分别显示在屏幕的上半部分和下半部分。

图 4.4.4　示波器触发方式的设置　　图 4.4.5　示波器输入通道的设置

示波器输入通道设置中的触发耦合方式有三种:AC(交流耦合)、0(地)、DC(直流耦合)。AC 表示屏幕仅显示输入信号中的交流分量;DC 表示屏幕中不仅显示输入信号中的交流分量,还显示输入信号中的直流分量;"0"表示将输入信号对地短路。

4) 示波器参数设置范围

示波器参数设置范围如表 4.1 所示。

表 4.1　示波器参数设置范围

参数设置	取值范围
Timebase(时间基准)	0.10ns/Div～1s/Div
X position(X 轴位置)	−5.00～5.00
显示方式	Y/T、B/A、A/B
Trigger Level(触发电平)	0.30～3.00
Trigger Signal(触发信号)	Auto、A、B、Exit
Volts per Division(每格电压)	0.01mV/Div～5kV/Div
Y position(Y 轴位置)	0.30～3.00
Input Coupling(输入耦合)	AC、0、DC

3. 示波器的使用

1) 示波器的连接

拖动示波器图标到电路工作窗口;点选示波器图标的一个通道端子上的"+"接线

端,当此端子变黑后拖动一线连接到电路中某测量点;当测量点变黑后松开鼠标左键。从电源工具栏中拖动一接地符号到电路工作窗口,并连接到这个通道端子上的"一"接线端。

2) 信号波形显示颜色的设置

只要将 A、B 通道连接导线的颜色进行设置,显示波形的颜色便与连接导线的颜色相同。方法是单击连接导线,单击鼠标右键,在打开的快捷菜单中选择 Wire color 命令,在弹出的对话框中,对导线的颜色进行设置。

3) 改变屏幕背景颜色

单击图 4.4.2 面板右侧的 Reverse 按钮,即可改变屏幕背景的颜色。如果想要恢复屏幕背景颜色为原色,再单击一次 Reverse 按钮即可。

4) 波形读数的存储

对于读数指针测量的数据,单击图 4.4.2 面板右侧的 Save 按钮,就可以用 ASCII 码格式保存。

四通道示波器的使用方法相同,这里不再赘述。

4.5 波 特 图 仪

波特图仪(Bode Plotter)是用来测量和显示一个电路、系统或放大器的幅频特性 $A(f)$ 和相频特性 $\Phi(f)$ 的一种仪器,类似于实验室的频率特性测试仪(或扫描仪),图 4.5.1 是波特图仪刚从器件库中取出时显示的小图标。

1. 波特图仪的面板

双击波特图仪的图标,窗口出现如图 4.5.2 所示的波特图仪的面板。波特图仪的面板由两部分组成,左侧是波特图仪的观察窗口,右侧是波特图仪的控制面板。

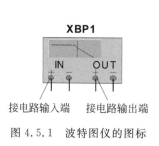

图 4.5.1 波特图仪的图标   图 4.5.2 波特图仪的面板

2. 波特图仪的设置

1) 幅频特性和相频特性的选择

幅频特性 $A(f)=V_o(f)/V_i(f)$,它是以曲线形式显示在波特图仪的观察窗口的。单击 Magnitude(幅值)按钮,显示电路的幅频特性。

相频特性 $\Phi(f)=\Phi_o(f)-\Phi_i(f)$,它也以曲线形式出现在波特图仪的观察窗口的。单击 Phase(相位)按钮,显示电路的相频特性。

2) Horizontal(横轴)设置和 Vertical(纵轴)设置

Horizontal(横轴)表示测量信号的频率,也叫频率轴。可以选择 Log(对数)刻度,也可以选择 Lin(线性)刻度。当测量信号的频率范围较宽时,用 Log(对数)刻度比较合适,相反,用 Lin(线性)刻度较好。横轴刻度的取值范围:0.001Hz～10.0GHz。I、F 分别是 Initial(初始值)和 Final(最终值)的缩写。

Vertical(纵轴)表示测量信号的幅值或相位。当测量幅频特性时,单击 Log(对数)按钮,纵轴的刻度是 $20 \text{Log} A(f)$,单位是 dB(分贝);单击 Lin(线性)按钮,纵轴的刻度是线性刻度。当测量相频特性时,纵轴表示相位,刻度是线性刻度,单位是度。

需要指出:若被测电路为无源网络(振荡电路除外),由于 $A(f)$ 最大值为 1,则纵轴的最终值为 0dB,初始值设置为负值。若被测电路含有放大环节,由于 $A(f)$ 可大于 1,则纵轴的最终值设置为正值(+dB)为宜。另外,为了清楚地显示某一频率范围的频率特性,可将横轴频率范围设置的小一些。

3. 波特图仪的使用

因为波特图仪本身没有信号源,所以在使用波特图仪时,必须在电路的输入端接入交流信号源或函数信号发生器。

1) 波特图仪的连接

拖动波特图仪图标到电路工作窗口,如图 4.5.1 所示。图标上有 IN(输入)和 OUT(输出)两对端子。其中 IN 端子接电路输入端和地,一对 OUT 端子接输出端和地。

2) 波特图仪面板参数的设置

详见 4.5 节 2 条所述。

3) 读波特图仪

移动读数指针,可以读出不同频率值所对应的幅度增益或相位移。单击控制面板下方的"读数指针移动"按钮,读数指针向左右移动,箭头右方的读数显示窗口有两个条框:上面条框显示的是纵轴表示的幅度增益和相位移;下面条框显示的是横轴表示的频率。

4.6 字信号发生器

字信号发生器(Word Generater)是一个能够产生 32 路(位)同步逻辑信号的仪器,又称数字逻辑信号源,可用于对数字逻辑电路的测试,其图标如图 4.6.1 所示。图标左侧是 32 位逻辑信号的低 16 路逻辑信号接线端子,右侧是高 16 路逻辑信号接线端子,右下方是外触发信号输入端子,左下方是数据准备好输出端子。

1. 字信号发生器的面板

双击字信号发生器的图标,窗口出现如图 4.6.2 所示的字信号发生器的面板。面板右侧是字信号发生器的 32 路信号编辑窗口,左侧是 Controls(控制方式)、Display(显示方式)、Trigger(触发)、Frequency(频率)、二进制字部分。

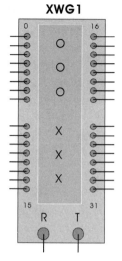

图 4.6.1 字信号发生器的图标

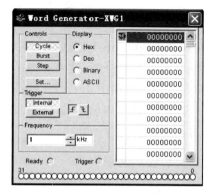

图 4.6.2 字信号发生器的面板

2. 字信号发生器面板参数的设置

1) 字信号的写入（编辑）

字信号发生器面板右侧是 32 路字信号的编辑窗口，32 路字信号以 8 位十六进制数的形式进行编辑和存放。范围为 00000000～FFFFFFFF（用十六进制表示），若用十进制表示，则变化范围为 0～4294967295。而信号的类型由 Display（控制方式）设置，共有 4 种类型，分别为 Hex（十六进制）、Dec（十进制）、Binary（二进制）和 ASCII 码。用鼠标移动滚动条，即可翻看编辑窗口内的这些字信号。

字信号的写入（或改写）方法有两种：

(1) 用鼠标单击某一条字信号，在编辑窗口内直接输入字信号。

(2) 在二进制字信号输入区输入相应的二进制数。

2) 控制方式设置栏

该栏中有 3 个条目：

(1) Cycle（循环）表示字信号在设置的初始地址到最终地址之间周而复始地以设定的频率输出。

(2) Burst（单循环）表示字信号只进行一次循环，即从设置的初始地址开始输出，到最终地址时自动停止输出。

(3) Step（单步）表示鼠标每单击一次，输出一条字信号。

3) Trigger（触发）设置栏

触发设置栏可以设置触发信号为 Internal（内部触发）或 External（外部触发）。

当选择 Internal 方式时，字信号的输出直接受输出方式按钮 Cycle、Burst 和 Step 的控制。

当选择 External 方式时，必须接入外部触发脉冲信号，而且要设置是"上升沿触发"还是"下降沿触发"，然后单击输出方式按钮。只有当外部触发脉冲信号到来时才启动信号输出。

4) Frequency（频率）设置栏

该栏用于设置输出字信号的频率，这个频率应与整个电路及检测输出结果的仪表相匹配。字信号发生器的频率设置范围很宽，频率设置单位为 Hz、kHz 或 MHz，根据需要而定。

5) 二进制字信号输入区

可以在该区域内的相应框中直接输入 ASCII 码或十六进制字信号。

4.7 逻辑分析仪

逻辑分析仪(Logic Analyzer)的作用类似于示波器,它可以同时记录和显示 16 位的逻辑信号,并对其进行时域分析,这是一般示波器所不能比拟的。逻辑分析仪的图标如图 4.7.1 所示,其接线端子有:外接时钟输入端子、时钟控制输入端子、触发控制输入端子和 16 路信号输入端子。

1. 逻辑分析仪的面板

双击逻辑分析仪的图标,窗口出现如图 4.7.2 所示的逻辑分析仪的面板。面板分上下两部分:上半部分是被测信号的显示窗口,左侧 16 个小圆圈代表 16 个输入端,小圆圈内以 0 或 1 符号实时显示各路输入逻辑信号的当前值。下半部分是逻辑分析仪的控制面板,控制面板上有 Stop(停止)按钮、Reset(复位)按钮、Clock(时钟)设置栏和 Trigger (触发)设置栏,另外还有两个小窗口,分别显示左侧游标(T1)和右侧游标(T2)处的时间读数和逻辑读数以及两个游标之间的时间差(T2 与 T1)。

图 4.7.1 逻辑分析仪的图标

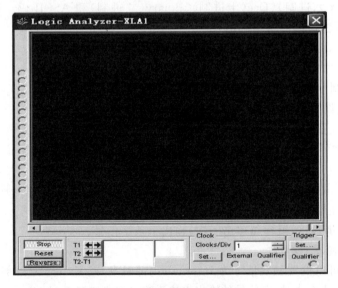

图 4.7.2 逻辑分析仪的面板

2. 逻辑分析仪面板参数的设置

(1) Stop(停止)按钮:在逻辑分析仪被触发前,单击 Stop 按钮可显示触发前波形,触发后 Stop 按钮不起作用。

（2）Reset（复位）按钮：任何时候单击 Reset 按钮，显示窗口的波形都会被清除。

（3）Clock（时钟）设置栏：单击时钟设置栏的 Set（设置）按钮，屏幕上出现 Clock setup（时钟设置）对话框，如图 4.7.3 所示。

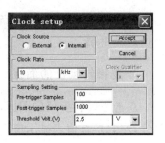

图 4.7.3 时钟设置对话框

- Clock Source（时钟源）可以选择内部时钟（Internal）或外部时钟（External）。
- Clock Rate（时钟频率）可以在 1Hz～999MHz 范围内设置。
- Clock Qualifier（时钟确认）可以设置为 1、0 或 x。当 Clock Qualifier 设置为 1 时，表示时钟控制输入为 1 时开放时钟，逻辑分析仪可以进行波形采集；当 Clock Qualifier 设置为 0 时，表示时钟控制输入为 0 时开放时钟；当 Clock Qualifier 设置为 x 时，表示时钟控制输入总是开放的，不受时钟控制输入的限制。
- Sampling Setting（采样设置）可以设置 Pre-trigger Samples（触发前取样点数）、Post-trigger Samples（触发后取样点数）和 Threshold Volt.（开启电压值）。

（4）Trigger（触发）设置栏：单击触发状态栏内的 Set（设置）按钮，屏幕上出现 Trigger Settings 对话框，如图 4.7.4 所示。对话框中的 A、B、C 三个触发字，可以设置这些触发字以及它们的触发组合 Trigger Combinations，逻辑分析仪的触发组合有 8 种，它们是 A、A or B、A or B or C、A then B、(A or B) then C、A then (B or C)、A then B then C、A then B (no C)。若输入逻辑信号满足三个触发字的触发组合，逻辑分析仪就触发；否则就不触发。若三个触发字均为任意（xxxxxxxxxxxxxxxx）时，则只要输入逻辑信号一到就触发。Trigger Aualifier（触发确认）对触发字起控制作用，触发由触发字决定；1（或 0）表示只有从图标上的触发控制输入端子输入 1（或 0）信号时，触发才起作用；否则，即使 A、B、C 三个触发字的组合条件满足也不能引起触发。

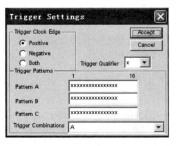

图 4.7.4 触发设置对话框

3. 逻辑分析仪的使用

图标左侧自上而下 16 个端子是逻辑分析仪的输入信号端子，使用时连接到电路的测量点。外接时钟输入端子必须接一外部时钟，否则逻辑分析仪不能工作。时钟控制输入端子的功能是控制外部时钟，也就是说，当需要对外部时钟进行控制时，该端子必须外接控制信号。触发控制输入端子的功能是控制触发字，要想控制触发字，应在该端子上接控制信号。

4.8 逻辑转换仪

Multisim 利用计算机仿真的优势，为用户提供了逻辑转换仪（Logic Converter）这种虚拟仪器（实际当中不存在这种仪器）。逻辑转换仪可以实现逻辑电路、真值表和逻辑表达式三者之间的相互转换。逻辑转换仪的图标如图4.8.1所示,图标上有8个信号输入端和1个信号输出端。

1. 逻辑转换仪的面板

双击逻辑转换仪的图标,屏幕上出现如图4.8.2所示的逻辑转换仪的面板。面板分三部分,左侧是真值表显示窗口,右侧是功能转换选择栏,最下面条状部分是逻辑表达式显示窗口。

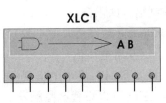

图4.8.1 逻辑转换仪的图标

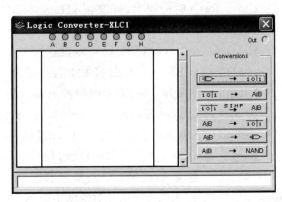

图4.8.2 逻辑转换仪的面板

2. 逻辑转换仪面板参数的设置

如图4.8.2所示,逻辑转换仪提供了6种逻辑功能的转换选择:
(1) 逻辑电路转换为真值表。
(2) 真值表转换为逻辑表达式。
(3) 真值表转换为最简逻辑表达式。
(4) 逻辑表达式转换为真值表。
(5) 逻辑表达式转换为逻辑电路。
(6) 逻辑表达式转换为"与非"门逻辑电路。

3. 逻辑转换仪的使用

(1) 逻辑电路转换为真值表的步骤如下:
① 将电路的输入端与逻辑转换仪的输入端相连接。
② 将电路的输出端与逻辑转换仪的输出端相连接。
③ 按下"逻辑电路转换为真值表"按钮,在真值表显示窗口即出现该电路的真值表。
(2) 真值表转换为逻辑表达式的步骤如下:
① 根据输入变量的个数用鼠标单击逻辑转换仪面板顶部代表输入的小圆圈(A~H),选择输入变量。此时在真值表的显示窗口会自动出现输入变量的所有组合,不过右面输出列的初始值全为0。
② 根据所需要的逻辑关系修改真值表的输出值(0、1或x)。

③ 按下"真值表转换为逻辑表达式"按钮,相应的逻辑表达式就会出现在逻辑表达式的显示窗口。

④ 如果要继续简化逻辑表达式或直接由真值表得到最简逻辑表达式,只要按下"真值表转换为最简逻辑表达式"按钮即可。

(3) 逻辑表达式转换为逻辑电路的步骤如下:

① 在面板底部的逻辑表达式显示窗口内写入逻辑表达式("与-或"式或"或-与"式都可以)。

② 按下"逻辑电路转换为真值表"按钮,得到相应的真值表。

③ 按下"逻辑表达式转换为逻辑电路"按钮,得到相应的逻辑电路。

④ 按下"逻辑表达式转换为'与非'门逻辑电路"按钮,得到相应的由"与非"门构成的逻辑电路。

4.9　IV特性分析仪

1. 特性概述

IV特性分析仪(IV Analyzer)是测试半导体器件特殊曲线的仪器,等同于现实的晶体管特性曲线测试仪。IV特性分析仪的图标如图4.9.1所示。

2. 连接

IV特性分析仪的图标上有3个端子。在选择了器件类型后,面板连接端口会出现相应的连接提示,按提示连接即可。

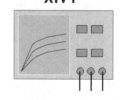

图4.9.1　IV特性分析仪的图标

3. 面板显示与设置

IV特性分析仪的面板如图4.9.2所示。IV特性分析仪面板的绝大部分是显示屏幕,屏幕下边有3个测试读数窗口,两端是调整读数指针位置的箭头。

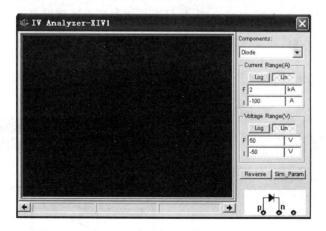

图4.9.2　IV特性分析仪的面板

Ⅳ 特性分析仪面板的右边包括：

（1）Components 栏用于选择测试器件的类型，有 Diode、BJT PNP、BJT NPN、PMOS 和 NMOS 共 5 种。

（2）Current Range 区用于设定电流范围。其中 Log 为对数坐标；Lin 为线性坐标。I 为起始值；F 为终止值。

（3）Voltage Range 区用于设定电压范围。

（4）Reverse 按钮用于反转屏幕背景颜色。Sim_Param 按钮设定模拟参数，单击该按钮，弹出如图 4.9.3 所示的参数设置对话框。

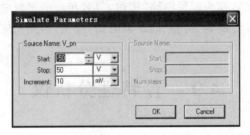

图 4.9.3 Sim_Param 按钮参数设置对话框

在 Simulate Parameters 对话框中：Source Name：V_pn 表示 V_pn 区；Start 表示起始值；Stop 表示终止值；Increment 表示增量。

4.10 频 率 计

1. 概述

频率计（Frequency Counter）是电子实验室的常用仪器之一，该仪器除与真实的频率计一样可以测量信号频率外，还可以测量多项脉冲参数，频率计图标如图 4.10.1 所示。

2. 连接

频率计的图标仅有一个输入端子，因此只需与被测节点连接即可。

3. 面板显示与设置

频率计的面板如图 4.10.2 所示，频率计的面板上边为数据显示屏幕，下边为参数设置区。包括：

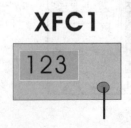

图 4.10.1 频率计的图标

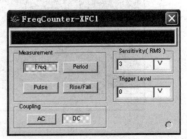

图 4.10.2 频率计的面板

(1) Measurement 区域：单击 Freq 按钮时，先测信号频率；单击 Period 按钮时，先测信号周期；单击 Pulse 按钮时，左侧显示正脉冲时间；单击 Rise/Fall 按钮时，左侧显示上升沿时间，右侧显示下降沿时间。

(2) Coupling 区域：单击 AC 按钮时，仅测量交流分量；单击 DC 按钮时，测量交、直流分量的总和。

(3) Sensitivity(RMS)区域：左边是灵敏度(均方根值)，右边是单位。

(4) Trigger Level 区域：左边是触发电平值，右边是单位。

4.11 失真分析仪

1. 概述

失真分析仪(Distortion Analyzer)是一种测试电路总谐波失真与信噪比的仪器，失真分析仪的图标如图 4.11.1 所示。

2. 连接

失真分析仪的图标仅有一个接线端，使用时与电路输出端连接。

3. 面板显示与设置

失真分析仪的面板如图 4.11.2 所示。

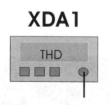
图 4.11.1　失真分析仪的图标

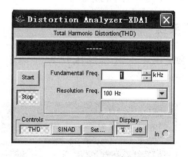
图 4.11.2　失真分析仪的面板

(1) 失真分析仪面板上边的 Total Harmonic Distortion(THD)区用于显示测试的总谐波失真的值，可以用百分比表示，也可用分贝值表示。可通过单击 Display 区中的％按钮或 dB 按钮来选择。

(2) 面板中间左侧有两个按钮 Start 按钮用于开始测试；Stop 按钮用于停止测试。
面板中间的 Fundamental Freq 栏用于设置基频；Resolution Freq 栏用于设置频率分辨率。

(3) 面板下边的 Controls 区 THD 按钮用于选定测试总谐波失真；SINAD 按钮用于选定测试信号信噪比，单击 SINAD 按钮后的面板如图 4.11.3 所示；Set 按钮用于设置测试参数，单击该按钮，弹出如图 4.11.4 所示的标准选择对话框。

图 4.11.3　按下 SINAD 后的面板

图 4.11.4　标准选择对话框

标准选择(Settings)对话框中 THD Definition 区用于选择总谐波失真的定义方式：有 IEEE 和 ANSI/IEC 两种。Harmonic Num 栏用于选取谐波次数；FFT Points 栏用于选择快速傅里叶变换点。

（4）Display 区。选择总谐波失真的表示方式，有％和 dB 两种。

4.12　Tektronix TDS 2024 型数字示波器

实体的 Tektronix TDS 2024 型数字示波器是一种带宽 200MHz、取样速率 2.0GS/s、4 通道的彩色存储示波器，每个通道 2500 点记录长度，能自动设置菜单，光标带有读数，可实现 11 种自动测量，并可作波形平均和峰值检测等的一种高端设备。其图标如图 4.12.1 所示，其立体面板如图 4.12.2 所示。

1. 菜单系统

使用 TDS2024 示波器的用户界面菜单，可方便地查看特殊功能。

图 4.12.1　Tektronix TDS 2024 示波器的图标

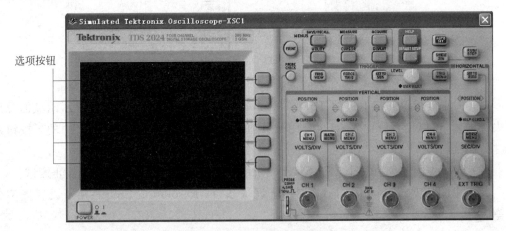

图 4.12.2　Tektronix TDS 2024 示波器的面板立体图

按下前面板的功能按钮，示波器将在显示屏的右侧显示相应的菜单。该菜单可选择显示，单击显示屏右侧未标记的选项按钮来选择可用的选项（在某些特殊功能中，选项按钮可

能也显示屏按钮、侧菜单按钮、bezel 按钮或软按钮)。示波器使用下列四种方法显示菜单选项:

(1) 实体示波器上有页(子菜单)选择:对于某些功能菜单,可使用顶端的选项按钮来选择两个或三个子菜单。每次按下顶端按钮时,选项都会随之改变。例如单击 按钮,在出现的菜单中单击指向 Level 的选项按钮,将在 Level(电平触发)和 Holdoff(用户控制)中间变换。

(2) 循环列表:每次按下选项按钮时,示波器都会将参数设定为不同的值。例如,可按下 CH3 MENV 按钮,然后按下顶端的选项按钮,在 DC、AC、Ground 各选项间切换。

(3) 动作:示波器显示按下"动作选项"按钮时立即发生的动作类型。

(4) 单选钮:示波器每一项使用不同的按钮。当前选择的选项被加亮显示。

2. 菜单及控制系统

(1) 用保存/调出按钮,显示"设置和波形的保存/调出菜单"。

(2) 用测量按钮,显示"自动测量菜单"。

(3) 用采集按钮,显示"采集菜单"。

(4) 用显示按钮,显示"显示菜单"。

(5) 用光标按钮,显示"光标菜单"。当显示"光标菜单"并且光标被激活时,CH1、CH2、"垂直位置"控制钮下的指示灯亮,该旋钮可以调整光标的位置。

(6) 用辅助功能按钮,显示"辅助功能菜单"。

(7) 用帮助按钮,显示"帮助菜单"。

(8) 用默认设置按钮,调出厂家设置自动设置。

(9) 用自动按钮,自动设置示波器控制状态,以产生适用于输出信号的显示图形。

(10) 用单次序列按钮,采集单个波形,然后停止。

(11) 用运行/停止按钮,连续采集波形或停止采集。

(12) 用打印按钮,开始打印操作。要求有适用于 Centronics、RS-232 或 GPIB 端口的扩充模块。

(13) 实体示波器上,用探头检查按钮快速验证探头是否操作正常。要使用它,将探头接入校准信号源,单击,如果连接正确、补偿正确,而且,示波器的"垂直"菜单中的"探头"条目设为与实体示波器的探头相匹配,示波器就会在显示屏的底部显示一条"合格"信息,否则会在示波器上显示一些指示,通知用户纠正这些问题。

3. 数学计算按钮

数学计算按钮实现通道信号的"+"、"-"、FFT(快速傅里叶变换)计算。可用于打开和关闭数学波形。

(1) "+"实现 CH1+CH2 或 CH3+CH4 的幅度相加运算。

(2) "-"可选择 CH1-CH2、CH2-CH1、CH3-CH4、CH4-CH3 的幅度相减运算。

(3) FFT 可以使用这种模式将时域(YT)信号转换为它的频率分量(频谱)。

4.13 Agilent 33120A 型函数信号发生器

Agilent 33120A 型函数信号发生器是安捷伦公司生产的一种宽频带、多用途、高性能的函数信号发生器，它不仅能产生正弦波、方波、三角波、锯齿波、噪声源和直流电压 6 种标准波形，而且还能产生按指数下降的波形、按指数上升的波形、负斜波函数、Sa(x) 及 Cardiac (心律波) 5 种系统存储的特殊波形和由 8～256 点描述的任意波形。其图标如图 4.13.1 所示，立体面板图如图 4.13.2 所示。

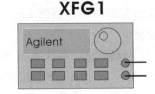

图 4.13.1 Agilent 33120A 型函数信号发生器图标

1. 33120A 面板上按钮的主要功能

(1) 电源开关按钮 (Power)　单击它可以使仪表接通电源，仪表开始工作。

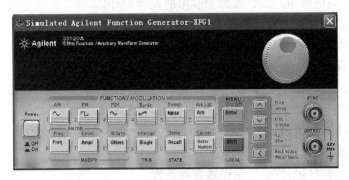

图 4.13.2　Agilent 33120A 型函数信号发生器 3D 面板图

(2) Enter Number 功能按钮　单击它可输入数字。

(3) Shift 功能按钮　单击它面板上会出现 Shift，此时面板上按钮的上方功能起作用，如单击⌐按钮，面板上会出现 FM，若单击 Shift 按钮后，再单击 Enter Number 按钮，则取消前一次操作。如果要在此基础上修改成 AM 信号，则先单击 Shift 按钮，再单击∽按钮即可。

如果在已经设置成 FM 信号后，要取消之，则重复一次设置过程，即先单击 Shift 再单击⌐即可。

(4) 输出信号类型选择按钮　面板上的 FUNCTION/MODULATION 线框下的 6 个按钮是输出信号类型选择按钮：单击∽按钮选择正弦波，单击⌐按钮选择方波，单击∧按钮选择三角波，单击∠按钮选择锯齿波，单击 Noise 按钮选择噪声源，单击 Arb 按钮选择有 8～256 点描述的任意波形。

若单击 Shift 按钮后，再分别单击上述按钮，分别选择 AM 信号、FM 信号、FSK 信号、Burst 信号、Sweep 信号及 Arb List 信号。

若单击 Enter Number 按钮后，再分别单击上述按钮，则分别选择数字 1、2、3、4、5 和±极性。

(5) 频率和幅度按钮　面板上的 AM/FM 线框下的两个按钮分别用于 AM/FM 信号参数的调整。单击 Freq 按钮，调整信号的频率，单击 Ampl 按钮，调整信号的幅度。

若单击 Shift 按钮后,再分别单击上述按钮,则分别调整 AM、FM 信号的调制频率和调制幅度。

(6) 菜单操作按钮　单击 Shift 按钮后,再单击 Enter 按钮后就可以对相应的菜单进行操作,若单击∧按钮则返回上一级菜单;若单击∨按钮则进入下一级菜单;若单击＞按钮则在同一级菜单右移;若单击＜按钮则在同一级菜单左移。若选择改变测量单位,单击∧按钮选择测量单位递减(如 MHz、kHz、Hz),单击∨按钮选择测量单位递增(Hz、kHz、MHz)。

(7) Offset 偏置设置按钮　该按钮为信号源的偏置设置按钮,单击之,可调整信号源的偏置,如果单击 Shift 按钮后,再单击 Offset 按钮,则可改变信号源的占空比。

(8) Single 触发模式选择按钮　单击该按钮,选择单次触发,若先单击 Shift 按钮,再单击 Single 按钮,则可改变信号源的占空比。

(9) Recall 状态选择按钮　单击该按钮,可选择上一次存储的状态,如果先单击 Shift 按钮后,再单击 Recall 按钮,则选择存储状态。

(10) 图 4.13.2 中右上角的大旋钮为输入输出值调整旋钮。

(11) 信号输出端口　图 4.13.2 中右下方的两个输出口(OUTPUT)分别为同步输出口(SYNC)和 50Ω 匹配输出口。在电路连接图标中仅有两个接线端,即上为同步输出口,下为 50Ω 匹配输出口。也就是说,应用时只需将该端口与电路的输入端连接即可,其公共端默认连接。

2. 33120A 产生的标准波形

33120A 型函数信号发生器能产生正弦波、方波、三角波、锯齿波、噪声源和直流电压等标准波形。

1) 产生正弦波的基本操作

(1) 设定信号类型　单击∽按钮,选择输出的信号为正弦波。

(2) 设定频率　单击 Freq 按钮,再单击 Enter Number 按钮后,输入频率的数字,再单击 Enter 按钮确定;或单击∧、∨按钮逐步增减数值,直到所需频率数值为止(仅适用于微调)。

另外,可用图 4.13.2 所示的仪器面板右上角的大旋钮输入频率数值,还可单击一次大旋钮后,用键盘上的←、↑、→、↓键改变数值。

(3) 信号幅度的调整方法　单击 Ampl 按钮,再直接单击 Enter Number 按钮后,输入幅度的数字,再单击 Enter 按钮确定;或单击∧、∨按钮逐步增减数值。

(4) 信号偏置的调整方法　单击 Offset 按钮,通过输入旋钮选择偏置的大小;或直接单击 Enter Number 按钮后,输入偏置的数值,再单击 Enter 按钮确定;或单击∧、∨按钮逐步增减偏置。

另外,先单击 Enter Number 按钮,然后单击∧按钮,可实现将有效数值转换为峰-峰值;反过来,先单击 Enter Number 按钮,再单击∨按钮,可实现峰-峰值转换为有效值。先单击 Enter Number 按钮,然后单击＞按钮,可实现峰-峰值转换为分贝值。

2) 产生方波、三角波和锯齿波的基本操作

基本操作与正弦波的大致相同,分别单击⊓按钮、∧按钮或⌿按钮,只是对于方波,单击 Shift 按钮后,再单击 Offset 按钮,通过输入旋钮(面板右上角大旋钮)可以改变方波的

占空比。

3) 噪声源

单击按钮 Noise,33120A 型函数信号发生器输出一个模拟的噪声。其幅度可以通过单击 Ampl 按钮,调节输入旋钮改变大小。

4) 直流电压源

33120A 型函数信号发生器能产生一个直流电压,范围是 $-5\sim+5V$。单击 Offset 按钮不放,持续时间超过 2s,显示屏先显示 DCV 后变成 $+0.000$VDC。通过输入旋钮可以改变输入电压的大小,如果单击 Enter Number 按钮后输入数字的方法,输入大于 5 的数字均被定为 5V。

5) AM 信号

单击 Shift 按钮后,再单击 ⌒ 按钮选择 AM 信号输出,单击 Freq 按钮,通过输入旋钮可以调整载波的频率,单击 Ampl 按钮,通过输入旋钮可以调整载波的幅度;在单击 Shift 按钮后,单击 Freq 按钮,通过输入旋钮可以调整调制信号的频率,再单击 Shift 按钮后,单击 Ampl 按钮,通过输入旋钮可以调整调制信号的幅度。

6) FM 信号

单击 Shift 按钮,再单击 ⌒ 按钮,就可输出 FM 信号。其参数的设置、调节方法与 AM 信号基本一致。

3. 用 33120A 产生的非标准波形

1) FSK 调制信号的基本操作

(1) 单击 Shift 按钮后,再单击 ⌒ 按钮,选择 FSK 调制方式。

(2) 单击 Freq 按钮,输入载波频率。

(3) 单击 Shift 按钮,再单击 Enter 按钮进行菜单操作,显示屏显示 Menus 后立即显示"A:MOD Menu"。

(4) 单击 ∨ 按钮,显示屏显示 COMMANDS 后立即显示"1:AM SHAPE"。

(5) 单击 ＞ 按钮选择 6:FSK FREQ。

(6) 单击 ∨ 按钮,显示屏显示 PAMAMETER 后立即显示"^100.00000Hz",符号"^"在闪动,单击 Enter Number 输入跳跃频率。改变设置后,单击 Enter 按钮保存。

(7) 再次单击 Shift 按钮后,单击 Enter 按钮进行菜单操作,显示屏显示 Menus 后立即显示"A:MOD Menu",单击 ∨ 按钮,显示屏显示 COMMANDS 后立即显示"1:AM SHAPE",单击 ＞ 按钮选择 7:FSK RATE,单击 ∨ 按钮,显示屏显示 PAMAMETER 后立即显示^1.000kHz,符号"^"在闪动,输入转换频率,设置完成后,单击 Enter 按钮保存设置。

(8) 设置完毕,单击仿真开关,就可以观察到 FSK 调制信号的波形了。

2) Burst(突发)调制信号的基本设置

Burst 调制的特点是:输出信号按指定速率输出规定周期数目的信号。

(1) 单击 Shift 按钮后,再单击 ⌒ 按钮,选择突发调制方式(可接着设置信号波形)。

(2) 单击 Freq 按钮,设置输出波形的频率。

(3) 单击 Ampl 按钮,设置输出波形的幅度。

(4) 单击 Shift 按钮后,再单击 Enter 按钮,显示屏先显示 Menus,随后显示 MOD Menu。

(5) 单击 V 按钮,显示屏先显示 COMMANDS,随后显示 AM SHAPE。

(6) 单击>按钮选择 3：BURST CNT。

(7) 单击 V 按钮,显示屏先显示 PAMAMETER,随后显示"^00001 CYC"。

(8) 符号"^"闪动,Enter Number 输入显示周期数目,单击 Enter 按钮保存设置。

(9) 再次单击 Shift 按钮后,单击 Enter 按钮进行菜单操作,显示屏显示 Menus 后立即显示 MOD Menu,单击 V 按钮,显示屏显示 COMMANDS 后立即显示 AM SHAPE,单击>按钮选择 4：BURST RATE,单击 V 按钮,显示屏显示 PAMAMETER 后立即显示"^1.000kHz",符号"^"在闪动,输入转换频率,设置完成后,单击 Enter 按钮保存设置。

(10) 又再次单击 Shift 按钮后,单击 Ampl 按钮进行菜单操作,显示屏显示 Menus 后立即显示 MOD Menu,单击 V 按钮,显示屏显示 COMMANDS 后立即显示 AM SHAPE,单击>按钮选择 5：BURST PHAS,单击 V 按钮,显示屏显示 PAMAMETER 后立即显示"^0.00000DEG,"符号"^"在闪动,输入角度,设置完成后,单击 Enter 按钮保存设置。

(11) 单击仿真开关,通过示波器就可以观察到 Burst 调制波形。

3) 特殊函数波形

33120A 型函数信号发生器能产生 5 种内置的特殊函数波形,即 sinc 函数、负斜波函数、按指数上升的波形、按指数下降的波形及 Cardiac 函数(心律波函数)。

(1) sinc 函数：是一种常用的 Sa 函数,其数学表达式为：

$$\text{sinc}x = \frac{\sin x}{x}$$

下述步骤可产生 sinc 函数：

① 单击 Shift 按钮后,再单击 Arb 按钮,显示屏显示 SINC~。

② 再次单击 Arb 按钮后,显示屏显示 SINC Arb。

③ 单击 Freq 按钮,通过输入旋钮将输出波形的频率设置为 100kHz；单击 Ampl 按钮,通过输入旋钮将输出波形的幅度设置为 $1V_{PP}$。

④ 设置完毕,单击仿真开关,通过示波器观察波形。

(2) 负斜波函数：

① 单击 Shift 按钮后,再单击 Arb 按钮,显示屏显示 SINC~。

② 单击 Arb 按钮,选择 NEG_RAMP~,单击 Enter 按钮保存设置函数的类型。

③ 再次单击 Shift 按钮后,单击 Arb 按钮,显示屏显示 NEG_RAMP~,再单击 Arb 按钮,显示屏显示 NEG_RAMP Arb,即选择负斜波函数。

④ 单击 Freq 按钮,设置输出波形的频率。

⑤ 单击 Ampl 按钮,设置输出波形的幅度。

⑥ 单击 Offset 按钮,设置波形的偏置。

⑦ 设置完毕,单击仿真开关,通过示波器观察波形。

(3) 按指数上升函数的波形：

① 单击 Shift 按钮后,再单击 Arb 按钮,显示屏显示 SINC~。

② 单击>按钮,选择 EXP_RISE~,单击 Enter 按钮确定所选 EXP_RISE~函数类型。

③ 单击 Shift 按钮后,再单击 Arb 按钮,显示屏显示 EXP_RISE~,再单击 Arb 按钮,显示屏显示 EXP RISE Arb,选择按指数上升函数。

④ 单击 Freq 按钮,通过输入旋钮将输出波形的频率设置为 12kHz;单击 Ampl 按钮,通过输入旋钮将输出波形的幅度设置为 $3V_{pp}$;单击 Offset 按钮,通过输入旋钮设置输出波形的偏置。

⑤ 设置完毕,单击仿真开关,通过示波器观察波形。

(4) 按指数下降函数波形:产生按指数下降函数波形的步骤与产生按指数上升函数的步骤基本上相同,在产生按指数上升函数波形的步骤的基础上,将函数类型设置为 EXP_FALL,即得到按指数下降函数波形。

(5) Cardiac(心律波)函数:

① 单击 Shift 按钮后,再单击 Arb 按钮,显示屏显示 SINC~。

② 单击＞按钮,选择 CARDIAC~,单击 Enter 按钮确定所选 CARDIAC 函数类型。

③ 单击 Shift 按钮后,单击 Arb 按钮,显示屏显示 CARDIAC~,再单击 Arb 按钮,显示屏显示 CARDIAC Arb,选择 Cardiac 函数。

④ 单击 Freq 按钮,通过输入旋钮将输出波形的频率设置为 12kHz,单击 Ampl 按钮,通过输入旋钮将输出波形的幅度设置为 $3V_{pp}$,单击 Offset 按钮,通过输入旋钮设置波形的偏置。

⑤ 设置完毕,单击仿真开关,通过示波器观察到 Cardiac 波形。

4. 任意波形

33120A 型函数信号发生器能够产生 8~256 点的任意波形。

1) 编辑菜单的设置　这是产生任意波形的关键步骤,用它决定输出波形的形状。其设置步骤如下:

① 单击 Shift 按钮后,再单击 Enter 按钮,显示屏先显示 Menus,随后立即显示 MOD Menu。

② 单击＞按钮选择 C：EDIT MENU。

③ 单击 ∨ 按钮,显示屏先显示 COMMANDS,随后立即显示 NEW ARB。

④ 单击 ∨ 按钮,显示屏先显示 PAMAMETER,随后显示 CLEAR MEM。

⑤ 单击 Enter 按钮,计算机发出蜂鸣声,显示屏显示 SAVED,表示设置被保存。

⑥ 再次单击 Shift 按钮后,单击＜按钮选择 2：POINTS,单击 ∨ 按钮,显示屏显示 PAMAMETER,随后立即显示"^008 PNTS";单击＞按钮后,数字 0 在闪动,输入要编辑的点数,完成设置后,单击 Enter 按钮保存设置。

⑦ 又再次单击 Shift 按钮后,单击＜按钮,显示屏显示"2：POINTS";单击＞按钮,选择 3：LINE EDIT;单击 ∨ 按钮,显示屏先显示 PAMAMETER,随后立即显示"000：^0.0000",每个数据的取值范围为－1~＋1;通过单击 ∧、∨ 按钮改变数据的极性;单击＞按钮右移一位后,输入数值;单击 Enter 按钮保存,显示屏显示 SAVED 后立即显示下一个点,并等待编辑,编辑方法与前面的数据点相同。当编辑完最后一个点时,单击 ∧ 按钮返回到 3：LINE EDIT 状态;连续单击＞按钮 3 次,选择 6：SAVED AS,单击 ∨ 按钮,显示屏先显示 PAMAMETER,随后立即显示"ARB1＊NEW＊",最后单击 Enter 按钮,显示屏显示

SAVED,保存所做的设置。

2) 输出任意波形

(1) 单击 Shift 按钮后,再单击 Arb 按钮,显示屏显示 SINC～,单击＞按钮,选择 ARB1～,单击 Enter 按钮确定所选函数 ARB1 类型。

(2) 单击 Shift 按钮后,再单击 Arb 按钮,显示屏显示 ARB1～,再单击 Arb 按钮,显示屏显示 ARB1 Arb,选择 ARB1 函数。

(3) 单击⊓按钮,选方波信号。

(4) 单击 Freq 按钮,通过输入旋钮将输出方波的频率设置为 5kHz,单击 Ampl 按钮,通过输入旋钮将输出方波的幅度设置为 500mV,单击 Offset 按钮,通过输入旋钮设置波形的偏置。

(5) 设置完毕,单击仿真开关,通过示波器观察编辑的波形。

4.14　Agilent 34401A 型数字万用表

1. 基本设置

Agilent 34401A 型数字万用表是一种 $6\frac{1}{2}$ 位高性能的数字万用表。能测量交/直流电压、交/直流电流、信号频率、周期和电阻值。该表还具有数字运算、dB、dBm、界限测试以及最大/最小/平均等功能。Agilent 34401A 型数字万用表的图标如图 4.14.1 所示,其立体面板如图 4.14.2 所示。

在图 4.14.2 中,单击面板上的电源 Power 开关,显示屏点亮,即进入测试准备状态;Shift 按钮为换档按钮,单击 Shift 按钮后,再单击其他功能按钮,将执行面板按钮上方的标识功能;Single 按钮触发方式,有自动触发和单次触发两种。

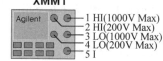

图 4.14.1　Agilent 34401A 型数字万用表的图标

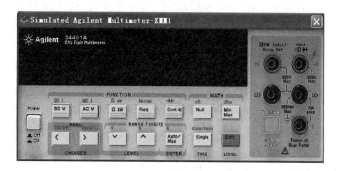

图 4.14.2　Agilent 34401A 型数字万用表的 3D 面板图

2. 常用的参数测量

一般来说,基本的参数测量是指:电压、电流、电阻的测量。再细分,有直流电压、交流电压、直流电流、交流电流;随之还将有一些派生的测量,如测量二极管、三极管的好坏,电感的通断等属于电阻系列的测量；34410A 数字万用表还能测量信号的频率、周期和 dB 值等。

1）电压的测量

测电压时，34401A 数字万用表应与被测试电路的端点并联。单击面板上的 DC V 按钮，可以测量直流电压，在显示屏上显示的单位为 VDC；而单击 Arb 按钮，可以测量交流电压，在显示屏上显示的单位为 VAC。注意测量范围。

2）电流的测量

测电流时，应将图标中的 I、LO 端串联到被测试的支路中。单击 Shift 按钮，则显示屏上显示 Shift，若再单击 DC V 按钮，显示屏显示的单位为 ADC，则测量直流电流；若单击 AC V 按钮，显示屏上显示的单位为 AAC，即测量交流电流。注意测量的范围。

3）电阻的测量

34401A 数字万用表测量电阻时，将图 4.14.1 中的 1 端和 3 端分别接在被测电阻的两端，测量时，单击前面板上的 Ω 2W 按钮，即可测量电阻阻值的大小。另外，在实体 34401A 数字万用表上，还提供了一种四线测量电阻的方法，这种方法是为了更准确地测量小电阻，提高测量精度。其方法是将 1、2 端并接，3、4 端并接后再测电阻。测量时，先单击面板上的 Shift 按钮，显示屏上显示 Shift。再单击面板上的 Ω 2W 按钮，即为四线测量法的模式，此时显示屏显示的单位为 ohm^{4w}，它为四线测量法的标志。

4）频率或周期的测量

34401A 数字万用表可以测量电路的频率或周期。

测量时将 1 端和 3 端分别接在被测电路上。测量时单击面板上的 Freq 按钮，可测量频率的大小；单击面板上的 Shift 按钮，显示屏上显示 Shift 后，再单击 Freq 按钮，则可测量周期的大小。

5）二极管极性的判断

测量时，先单击面板上的 Shift 按钮，显示屏显示 Shift 后，再单击 Cont 按钮，可测试二极管极性。若数字万用表 1 端接二极管的正极，3 端接负极时，显示屏上显示二极管的正向导通压降；反之，则显示为 0。若二极管断路时，显示屏显示 OPEN 字样，表明二极管有断路故障。

6）直流电压比率的测量

34401A 万用表能测量两个直流电压的比率。通常选择一个直流参考电压作为基准，然后自动求出被测信号电压与该直流参考电压的比率。

测量时，需将 34401A 的 1 端接在被测信号的正端，3 端接在被测信号的负端；34401A 的 2 端接在直流参考源的正端，4 端接在直流参考源的负端。3 端和 4 端必须接在公共端，且两者的电压相差不大于±2V。参考电压一般为直流电压源，且最大不超过±12V。

因为面板上无此功能按钮，因此该测量功能需通过测量菜单才能完成。具体测量步骤是：

(1) 首先单击面板上的 Shift 按钮，显示屏上显示 Shift 后，单击＜按钮，测量菜单展开，显示"A：MEAS MENU"。

(2) 单击 V 按钮，先显示 COMMAND，随后显示"1：CONTINUITY"，单击＞按钮，显示"2：RATIO FUNC"。

（3）单击 V 按钮，先显示 PARAMETER，随后显示"DCV：OFF"，单击＜或＞按钮，使其显示"DCV：ON"。

（4）单击 Auto/Man 按钮，关闭测量菜单，此时在显示屏上显示 Ratio，即进入比率测量状态。

3. 34401A 的运算功能

1）NULL（相对测量）

34401A 的相对测量是指 34401A 能够对前后测量的数值进行比较，并显示两者的差值。该功能适用于测量交直流电压、交直流电流、频率、周期和电阻，但不适用于连续测量、二极管测量和比率测量。相对测量是把前一次测试结果作为初始值被存储。

显示结果＝本次测量数值－初始值

2）MIN-MAX（存储显示最大值和最小值）

34401A 可以存储测量过程中得到的最大值、最小值、平均值和测量次数等参数。该功能适用于测量交直流电压、交直流电流、频率、周期和电阻阻值，不适用于连续测量、二极管检测和比率测量。

3）测量电压的 dB 或 dBm 格式显示

利用 34401A 测量电压时单位不仅可以是伏特（V），而且可以是分贝（dB 或 dBm）。测量电压分贝值等于被测量电压的分贝值减去参考电压的分贝值。被测量 dBm 值为：

$$1\text{dBm} = 10\lg\left(\frac{被测电压}{每毫瓦设定电阻值对应的电压值}\right)$$

4）Limit Testing（限幅测试）

限幅测试是在测试时，若被测参数在指定的范围则显示 OK，若被测参数高于指定范围，则显示 HI，若被测范围低于指定的范围，则显示 LO。限幅测试不适用于连续测量，也不适用于二极管的测试。限幅测试在面板上没有专用功能按钮，可通过测量菜单完成。

4.15 Agilent 54622D 型数字示波器

实体 Agilent 54622D 型数字示波器，有两个模拟通道和 16 个逻辑通道，带宽为 100MHz 的高端示波器。其图标如图 4.15.1 所示，图标下方有两个模拟通道（通道 1 和通道 2）、16 个数字逻辑通道（D0～D15），面板右侧有触发端、数字地和校准信号输出端。

双击图标，弹出立体面板如图 4.15.2 所示。其中 POWER 是电源开关，INTENSITY 是辉度调节按钮，在电源开关和 INTENSITY 之间是软驱，软驱上方是参数设置按钮，Horizontol 为时基调整区，Run Control 为运行控制区，Measure 为测量控制区，Waveform 为波形调整区，Trigger 为触发区，Digital 为数字通道调整区，Analog 为模拟通道调整区。

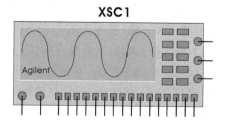

图 4.15.1 Agilent 54622D 型数字示波器图标

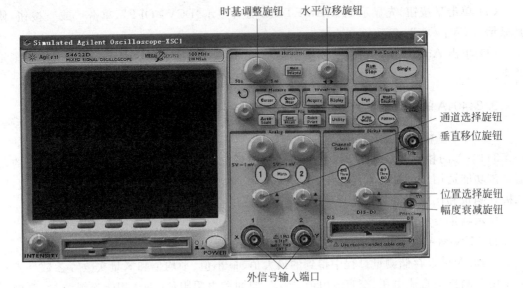

图 4.15.2　Agilent 54622D 型数字示波器 3D 面板图

1. 示波器的校准

1) 模拟通道的校正

针对实体的 Agilent 54622D 型数字示波器，它与所有示波器一样，在使用之前都需要首先校准仪器，方法很简单，如图 4.15.2 所示，将校准信号输出端与模拟通道 1 连接（通道 2 或 1、2 同时连接，另外，实体连接是通过专用探头线连接的）；单击 POWER（电源开关）；单击面板上的 ① 按钮选择模拟通道 1；单击面板上的 Save Recall 按钮，将示波器设置为默认状态；再单击面板上的 Auto-Scale 按钮，校正结束。

2) 数字通道的校正

单击 D15 Thru D8 、D7 Thru D0 选择数字通道，其他校准参照模拟通道的校准即可。

注意：Multisim 环境中，一般不要求校准。

2. Agilent 54622D 型数字示波器的基本操作

1) Analog 模拟通道操作区域

（1） ① 通道选择钮。耦合方式通过软按钮（Coupling）选择，有 DC（直接耦合）、AC（交流耦合）和 GND（地）三种方式。

（2）垂直移位旋钮用来垂直移位。单击之，在波形位移的同时，可看到示波器屏幕左上角的基线电平将随之改变，还应注意屏幕左端的参考接地电平符号也随该旋钮的旋转而移动。单击 Vernier 软按钮，可微调波形的位置。单击 Invert 软按钮，可使波形相反。

（3）幅度衰减旋钮，用于改变垂直灵敏度，衰减旋钮设置的范围为 1mV/div～5V/div。单击 Vernier 软按钮，可以较小的增量改变波形的幅度。

（4）Math 按钮用于数学运算选择。

2) Digital 数字通道操作区域

(1) ［D15 Thru D8］、［D7 Thru D0］按钮用于数字通道 D7～D0 的选择和 D15～D8 的选择,当这些按钮被点亮时,显示数字通道。

(2) 通道选择按钮用于选择所要分析的数字通道,并在所选的通道号右侧显示">"。

(3) 位置调整按钮,在显示屏上将所选通道,移位到便于分析的位置,还可以用这种方法重新组织位矢量中"位"的排列顺序。

3) Horizontol 时基调整区域

(1) 时基调整旋钮用于时基调整,时基范围 5ns/div～50s/div。选择适当扫描速度,使测试波形完整、清晰地显示在显示屏上,便于分析即可。

(2) 水平位移旋钮用于水平移位。

(3) ［Main Delayed］按钮用于主扫描/延迟扫描测试功能选择。

4) Run Control 连续运行与单次采集选择区

(1) ［Run Stop］为运行/停止控制按钮,单击之变为绿色运行时,示波器处于连续运行模式,显示屏显示的波形是对同一信号连续触发的结果。当运行/停止按钮变为红色时,此时水平位移旋钮和垂直位移旋钮可以对保存的波形进行平移和缩放。

(2) Single 单次触发按钮,单击之变为绿色,示波器处于单次运行模式,显示屏显示的波形是对信号的单次触发。利用 Single 运行控制按钮观察单次事件,显示波形不会被后继的波形覆盖。平移和缩放需要较大的存储器深度,并且,在希望得到最大取样率时应使用这种模式。在 ［Run Stop］ 变为红色(停止仿真)时,每单击一次 Single 按钮,触发一次,显示一屏波形。

5) Trigger 触发区

(1) 外信号输入端口用于输入外触发信号。

(2) ［Mode Coupling］模式/耦合选择按钮。单击之,显示屏的下部出现 Mode、Holdoff 按钮,通过设置软按钮,可改变触发模式和设置释抑。

触发模式影响示波器搜索触发的方法。

6) Measure 测量控制区

(1) Cursor 指针测试控制按钮。

(2) Quick Mear 快速测量功能按钮。

7) File 文件处理区

(1) 单击 ［Save Recall］ 按钮后,单击示波器下方的软按钮存储波形文件。

(2) 单击 Quick Print 按钮后,单击在示波器屏幕下方的软按钮打印波形文件。

8) 采样设置

单击按钮 Utility 后,单击在示波器屏幕下方的软按钮显示采样信息。

9) 示波器的设置

单击 Auto-Scale 按钮,将示波器设置为自动测量状态。

3. 数学函数运算

54622D 示波器能对模拟通道上采集的信号相减、相乘、积分、微分和快速傅里叶变换等数学运算,单击 Math 按钮,即可实现相应的运算功能。

第5章
Multisim 9的基本分析方法

Multisim 以 SPICE(Simulation Program With Circuit Emphasis)程序为基础,可以对模拟电路、数字电路和混合电路进行仿真和分析。Multisim 对电路进行仿真的过程分为4步:

(1) 电路图输入:输入电路图、编辑元器件属性、选择电路分析方法。
(2) 参数设置:程序自动检查输入内容,并对参数进行设置。
(3) 电路分析:分析运算输入数据,形成电路的数值解。
(4) 数据输出:运算结果以数据、波形、曲线等形式输出。

Multisim 对电路进行仿真的方法共有19种,本章主要介绍其中7种的基本分析方法:

(1) 直流工作点分析(DC Operating Point Analysis)。
(2) 交流分析(AC Analysis)。
(3) 瞬态分析(Transient Analysis)。
(4) 傅里叶分析(Fourier Analysis)。
(5) 噪声分析(Noise Analysis)。
(6) 失真分析(Distortion Analysis)。
(7) 直流扫描分析(DC Sweep Analysis)。

利用 Multisim 提供的这些基本分析方法,可以了解电路的基本状况、测量和分析电路的各种响应,其分析精度和测量范围比用实际仪器测量的精度高、范围宽。本章将详细介绍这些基本分析方法的作用、建立分析过程的方法、分析工具中对话框的使用以及测试结果的分析等。

5.1 Multisim 的结果分析菜单

Multisim 的结果分析菜单是在每种分析方法的参数设置(参数的设置在每种分析中详细介绍)完毕,单击 Simulate 按钮进行仿真后,出现的菜单,如图5.1.1所示。

另外,工具栏还有一些特殊的按钮,其功能如图5.1.2所示。

(1) 单击 显示页面属性对话框,设置页面属性如图5.1.3所示。

- Tab Name:修改页名;
- Title:修改页面标题;
- Font:修改字体;
- Page Properties:页面属性;
- Background Color:修改背景颜色;
- Show/Hide Diagrams on Page:显示/隐藏图或曲线图。

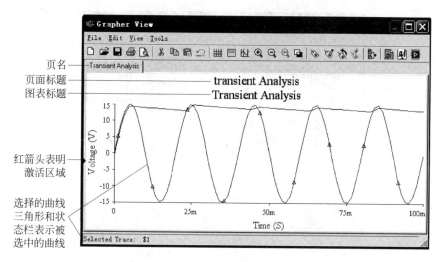

图 5.1.1 仿真结果图

图 5.1.2 分析菜单中的工具栏

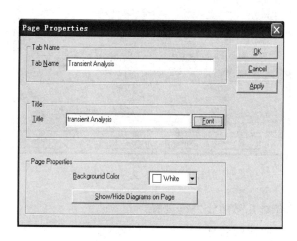

图 5.1.3 页面属性对话框

(2) 单击 显示图表属性对话框,设置图表属性。

① General 选项卡的设置如图 5.1.4 所示。该选项卡为常规设置选项卡。

- Title 框:用来图表标题;
- Grid 框为网格区。其中 Pen Size 为曲线的粗细设置;Grid On 为显示/隐藏网格。
- Traces 框:用于曲线设置。其中 Legend On 标明是否显示图例;Show Select Marks 为

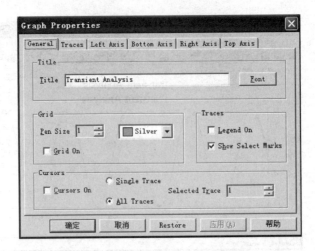

图 5.1.4 Graph Properties 对话框

显示/隐藏选择标记。
- Cursors 框：用于读数指针的设置。其中 Cursors On 标明是否使用读数指针；Single Trace 用于选择单个曲线；All Traces 用于选择全部曲线。

② Traces 选项卡的设置如图 5.1.5 所示，该选项卡为曲线设置选项卡。

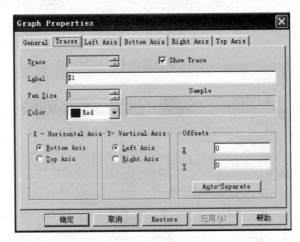

图 5.1.5 Traces 选项卡的设置

- Trace：用来选择对几号曲线进行设置。
- Label：对应该条曲线的名称。
- Pen Size：曲线的粗细设置。
- Sample：显示该曲线经设置后的样式。若同时有多条曲线显示在同一坐标上，需分别进行设置。
- X_Horizontal Axis 框：选择横坐标的放置位置（顶部或底部）。
- Y_Vertical Axis 框：选择纵坐标的放置位置（左侧或右侧）。
- Offsets 框：设置 X、Y 轴的偏移。若单击 Auto-Separate 按钮，则由程序自动设定。

③ Left Axis 选项卡的设置如图 5.1.6 所示，该选项卡用来对于曲线左边的纵坐标进行设置。

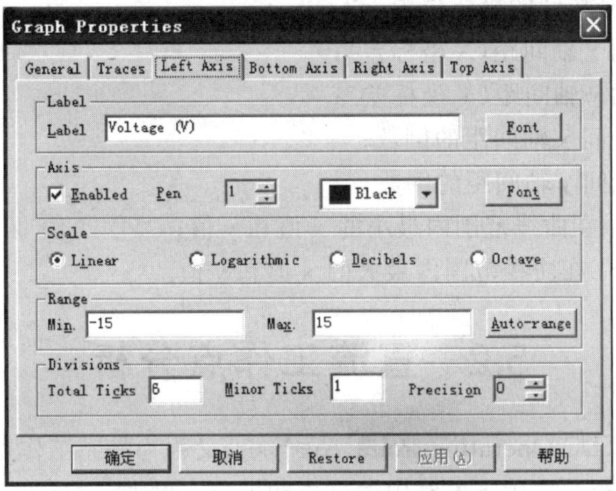

图 5.1.6 Left Axis 选项卡的设置

- Label：设置纵坐标的名称。
- Axis：选择是否显示轴线以及轴线的颜色。
- Scale：设置纵轴的刻度。
- Range：设置刻度范围（Min 输入最低刻度，Max 输入最高刻度）。
- Divisions：确定的刻度范围分成多少格，以及最小标注。

Bottom Axis(下边)、Right Axis(右边)、Top Axis(上边)选项卡的设置与 Left Axis 选项卡的设置类似。

(3) 单击 按钮，可提供读数指针，可获得曲线上某点的坐标值，出现如图 5.1.7 所示的窗口。

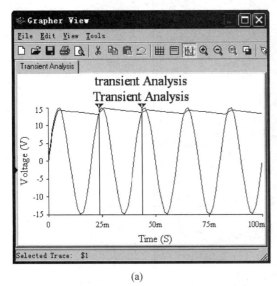

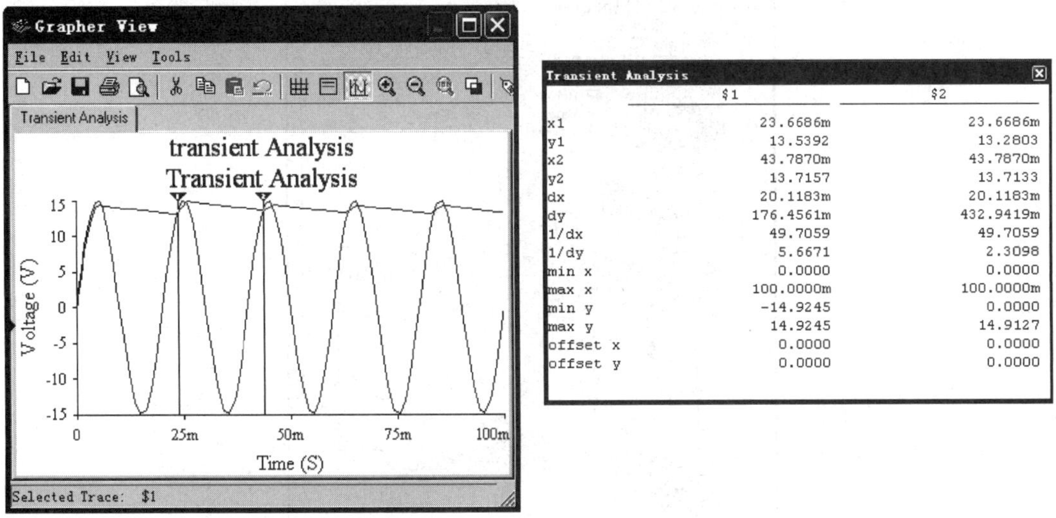

(a)   (b)

图 5.1.7 用分析指针对结果进行分析

下面介绍图 5.1.7(b)中的参数。
- x1,y1：为 1 号指针的坐标位置(x1,y1)；
- x2,y2：为 2 号指针的坐标位置(x2,y2)；
- dx：两指针间 x 轴间距(X 坐标差)；
- dy：两指针间 y 轴间距(Y 坐标差)；
- 1/dx：两指针间 x 轴间距的倒数；
- 1/dy：两指针间 y 轴间距的倒数；
- min x,min y：在曲线范围内最小的 x 值和 y 值；
- max x,max y：在曲线范围内最大的 x 值和 y 值。

5.2 直流工作点分析

直流工作点分析(DC Operating Point Analysis)又称为静态工作点分析，目的是求解在直流电压源或直流电流源作用下电路中的电压和电流。例如，在分析晶体管放大电路时，首先要确定电路的静态工作点，以便使放大电路能够正常工作。在进行直流工作点分析时，电路中的交流信号源自动被置零，即交流电压源短路、交流电流源开路；电感短路、电容开路；数字器件被视为高阻接地。

5.2.1 直流工作点分析步骤

(1) 在电路工作窗口创建需进行分析的电路原理图。

(2) 执行 Options→Sheet Properties 命令，在 Circuit 选项卡下，如图 5.2.1 所示选定 Net Names 中的 Show All，把电路中的节点标志显示到电路图上。

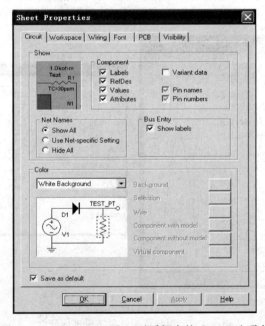

图 5.2.1 Sheet Properties 对话框中的 Circuit 选项卡

(3) 执行 Simulate→Analyses→DC Operating Point Analysis 命令,在出现的窗口中单击 Output 按钮,在 Variables in circuit 栏下显示电路中所有节点标志和电源支路的标志,选定所要分析的量加入到右边的 Selected variables for 栏下,然后单击此菜单下的 Simulate 按钮进行仿真,Multisim 会把电路中所有节点的电压数值和电源支路的电流数值,自动显示在 Grapher View(分析结果图)中。

5.2.2 直流工作点分析举例

例 5.1 试求图 5.2.2 所示的电路的直流工作点。(图中 uF 为软件自带,本书视同 μF,以后不再标注。)

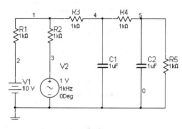

图 5.2.2 待分析电路

解:具体操作如下:

① 在电路工作窗口创建待分析电路原理图。

② 单击 Options→Sheet Properties 命令,在 Circuit 选项卡下,选定 Net Names 中的 Show All 的设置,得到带有节点的电路图。

③ 单击 Simulate→Analyses→DC Operating Point Analysis 命令,在出现的窗口中单击 Output 按钮,在 Variables in circuit 栏下显示电路中所有节点标志和电源支路的标志如图 5.2.3 所示。

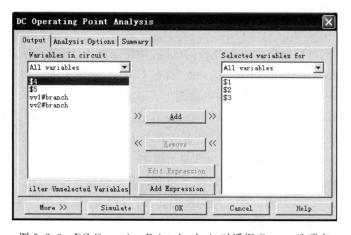

图 5.2.3 DC Operating Point Analysis 对话框 Output 选项卡

选定所要分析的量加入到右边的 Selected variables for 栏下,然后单击此菜单下的 Simulate 按钮进行仿真,Multisim 会把电路中所有节点的电压数值和电源支路的电流数值自动显示在 Grapher View(分析结果图)中,如图 5.2.4 所示。

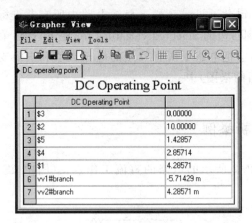

图 5.2.4　DC Operating Point Analysis 分析结果

5.3　交　流　分　析

交流分析(AC Analysis)用于分析电路的幅频特性和相频特性。需先选定被分析的电路节点。在分析时电路中的直流源将自动置零。交流信号源、电容、电感等均处在交流模式。输入信号也设定为正弦波形式。若把函数信号发生器的其他信号作为输入激励信号,在进行交流频率分析时,会自动把它作为正弦波输入。因此输出响应也是该电路交流频率的函数。如果对电路中某节点进行计算,结果会产生该节点电压幅值随频率变化的曲线(即幅频特性曲线)以及该节点电压随频率变化的曲线(即相频特性曲线)。其结果与波特图仪的分析结果相同。

5.3.1　交流分析步骤

(1) 在电路工作窗口创建需进行分析的电路,并设定输入信号的幅值和相位。

(2) 执行 Options→Sheet Properties 命令,在 Circuit 选项卡下,选定 Net Names 中的 Show All,把电路中的节点标志显示到电路图上。

(3) 执行 Simulate→Analyses→AC Analysis 命令,打开相应的对话框如图 5.3.1 所示,在 Frequency Parameters 选项卡中,设置仿真参数。

- Start frequency (FSTART):扫描起始频率。默认设置:1Hz。
- Stop frequency (FSTOP):扫描终点频率。默认设置:10GHz。
- Sweep type:扫描类型。横坐标刻度形式有:十倍频(Decade)、线性(Linear)和八倍频程(Octave)3 种,默认设置:Decade。
- Number of points per:显示点数。默认设置:10。
- Vertical scale:纵坐标刻度。纵坐标刻度有对数(Logarithmic)、线性(Linear)、八倍频程(Octave)和分贝(Decibel)4 种形式。默认设置:Logarithmic。

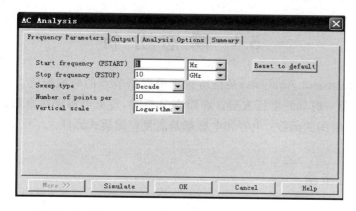

图 5.3.1　AC Analysis 对话框中的频率参数设置选项卡

在 Output 选项卡中,设置待分析的物理量。

(4) 单击 Simulate(仿真)按钮,即可在 Grapher View(分析结果图)上获得被分析物理量的频率特性。Magnitude 为幅频特性,Phase 为相频特性。

(5) 单击 Cancel 按钮,停止仿真。

5.3.2　交流分析举例

例 5.2　在例 5.1 的基础上,对电路中的节点 5 进行交流分析。

解：执行 Simulate→Analyses→AC Analysis 命令,在 Frequency Parameters 选项卡中,设置仿真参数。

- Start frequency (FSTART)：1Hz。
- Stop frequency (FSTOP)：10MHz。
- Sweep type：Decade。
- Number of points per：10。
- Vertical scale：Logarithmic。

在 Output 选项卡中,设置待分析的节点 5。单击 Simulate(仿真)按钮,分析结果如图 5.3.2 所示。

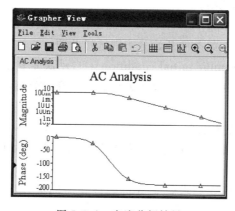

图 5.3.2　交流分析结果

5.4 瞬态分析

瞬态分析(Transient Analysis)是指所选定的电路节点的时域响应。即观察该节点在整个显示周期中每一时刻的电压波形。在瞬态分析时,直流电源保持常数;交流信号源随着时间而改变,是时间的函数;电容和电感都是能量存储模式元件。

5.4.1 瞬态分析步骤

(1) 在电路工作窗口创建需进行分析的电路。

(2) 执行 Simulate→Analyses→Transient Analysis 命令,打开相应的选项卡,如图 5.4.1 所示,在 Analysis Parameters 选项卡中,设置仿真参数。

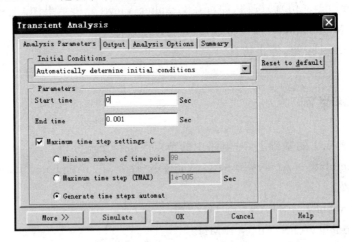

图 5.4.1 瞬态分析对话框中 Analysis Parameters 选项卡

① Initial Conditions(初始条件)区域:
- Set to Zero:零初始条件。默认设置:不选。如果从零初始状态开始分析则选择此项。
- User-defined:自定义初始条件。默认设置:不选。如果从用户定义的初始条件开始进行分析则选择此项。
- Calculate DC operating point:计算直流工作点。默认设置:不选。如果将直流工作点分析结果作为初始条件开始分析则选择此项。
- Automatically determine initial conditions:自动决定初始条件。默认设置:选用。仿真时先将直流工作点分析结果作为初始条件开始分析,如果仿真失败则由用户自定义初始条件。

② Parameters(参数设置)区域:
- Start time:起始时间。要求暂态分析的起始时间必须大于或等于零,且小于终止时间。默认设置:0s。
- End time:终止时间。要求暂态分析的终止时间必须大于起始时间。默认设置:0.001s。

- Maximum time step settings：仿真时能达到的最大时间步长设置。
- Minimum number of time points：仿真输出的图上，从起始时间到终点时间的点数，起始设置：99。
- Maximum time step(TMAX)：仿真时能达到的最大时间步长。默认设置：1e-005s。
- Generate time steps automat：自动选择一个较为合理的或最大的时间步长。默认设置：选用。

(3) 在 Output 选项卡中，设置待分析的节点。单击 Simulate(仿真)按钮，得到分析结果。瞬态分析的结果即电路中该节点的电压波形图。也可以用示波器把它连至需观察的节点上，打开电源开关得到相同的结果。但采用瞬态分析方法可以通过设置更仔细地观察到波形起始部分的变化情况。

5.4.2 瞬态分析举例

例 5.3 在例 5.1 基础上，对电路中的节点 5 进行瞬态分析。

解：执行 Simulate→Analyses→Transient Analysis 命令，打开相应的对话框，在 Analysis Parameters 选项卡中，设置仿真参数如图 5.4.2 所示。得到的瞬态分析结果如图 5.4.3 所示。

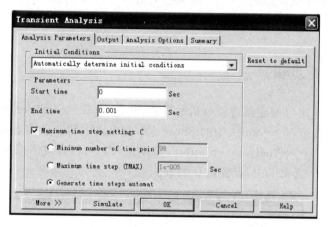

图 5.4.2 Analysis Parameters 选项卡的设置

例 5.4 试用瞬态分析绘出如图 5.4.4 所示的二极管整流滤波电路的输出电压波形。

解：执行 Simulate→Analyses→Transient Analysis 命令，打开相应的对话框，在 Analysis Parameters 选项卡中，设置仿真参数如下：

- Set to Zero：选用。
- Start time：0s。
- End time：0.1s。

单击 Simulate(仿真)按钮，分析结果如图 5.4.5 所示。

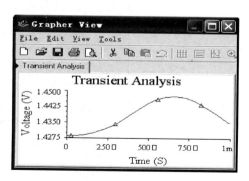

图 5.4.3 瞬态分析结果 1

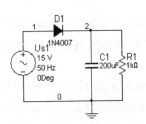

图 5.4.4 二极管整流滤波电路

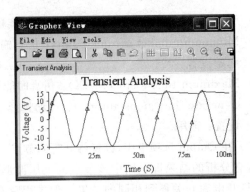

图 5.4.5 瞬态分析结果 2

5.5 傅里叶分析

傅里叶分析(Fourier Analysis)方法用于分析一个时域信号的直流分量、基频分量和谐波分量,即把被测节点处的时域变化信号作离散傅里叶变换,求出它的频域变化规律。在进行傅里叶分析时,必须首先选择被分析的节点,一般将电路中的交流激励源的频率设定为基频,若在电路中有几个交流源时,可以将基频设定在这些频率的最小公因数上。譬如有一个 10.5kHz 和一个 710.5kHz 的交流激励源信号,则基频可取 0.5kHz。

5.5.1 傅里叶分析步骤

(1) 在电路工作窗口创建需进行分析的电路,执行 Options→Sheet Properties 命令,在 Circuit 选项卡下,选定 Net Names 中的 Show All,把电路中的节点标志显示到电路图上。

(2) 执行 Simulate→Analyses→Fourier Analysis 命令,打开对话框如图 5.5.1 所示,在 Analysis Parameters 选项卡中,设置仿真参数。

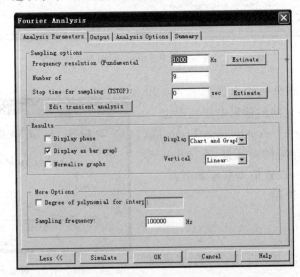

图 5.5.1 Fourier Analysis 选项卡

Sampling options 区域：
- Frequency resolution：设置基频。电路中有多个交流源时取信号频率的最小公倍数。或单击右边的 Estimate 按钮让程序自动设置。默认设置：1000Hz。
- Number of：谐波次数。默认设置：9。
- Stop time for sampling(TSTOP)：设置停止取样时间。单击右边的 Estimate 按钮可让程序自动设置。
- Edit transient analysis：设置瞬态分析参数。

Results 区域：
- Display phase：显示幅度频谱及相位频谱。
- Display as bar grapl：显示以线条绘制的频谱。
- Normalize graphs：显示归一化频谱图。
- Display：设置显示项目。包括 Chart(图表)、Graph(图示)、Chart and Graph(图表及图示)。
- Vertical：设置频谱的纵轴刻度，包括对数(Logarithmic)、线性(Linear)、八倍频程(Octave)和分贝(Decibel)4 种形式。

More Options 区域：单击 More 按钮得到。
- Degree of polynomial for interpolation：设置多项式的维数。
- Sampling frequency：设置取样频率。默认值为 60Hz。

(3) 在 Output 选项卡中，设置待分析的节点。单击 Simulate(仿真)按钮，得到分析结果。

5.5.2 傅里叶分析举例

例 5.5 电路如图 5.5.2 所示，对输出 6 号节点的电压进行傅里叶分析。

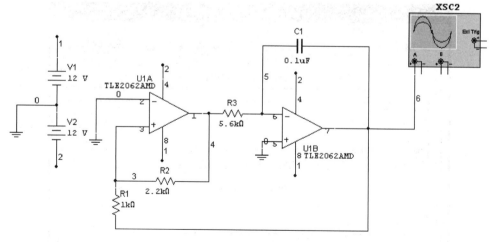

图 5.5.2 傅里叶分析电路

解：具体操作如下。
① 在电路工作窗口创建需进行分析的电路，执行 Options→Sheet Properties 命令，在

Circuit 选项卡下,选定 Net Names 中的 Show All,把电路中的节点标志显示到电路图上。

② 执行 Simulate→Analyses→Fourier Analysis 命令,打开对话框如图 5.5.3 所示,在 Analysis Parameters 选项卡中,设置仿真参数。

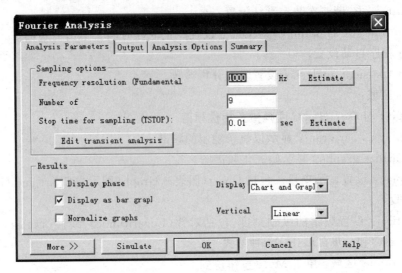

图 5.5.3　设置 Analysis Parameters 选项卡的参数

单击 Edit transient analysis 按钮设置瞬态分析的参数如下:
- Initial Conditions:Set to zero。
- Start time:0。
- End time:0.01。

设置完毕后单击 OK 按钮,然后单击 Output 按钮选择分析的节点 6。单击 Simulate 按钮。得到仿真结果如图 5.5.4 所示。

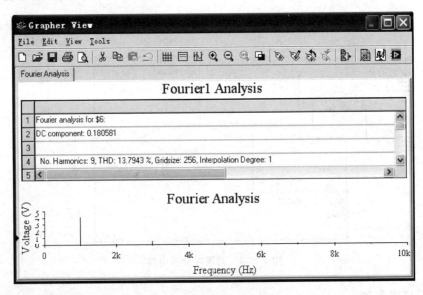

图 5.5.4　傅里叶分析结果

5.6 噪声分析

噪声分析(Noise Analysis)用于检测电子线路输出信号的噪声功率幅度,用于计算、分析电阻或晶体管的噪声对电路的影响。在分析时,假定电路中各噪声源是互不相关的,因此它们的数值可以分开各自计算。总的噪声是各噪声在该节点的和(用有效值表示)。举例来说,在噪声分析对话框中,把 V1 作为输入源,把 N1 作为输出节点,则电路中各噪声源在 N1 处形成的输出噪声,等于把该值除以 V1 至 N1 的增益获得的等效输入噪声,再把它作为信号输入一个设定没有噪声的电路,即获得在 N1 点处的输出噪声。

5.6.1 噪声分析步骤

(1) 在电路工作窗口创建需进行分析的电路,执行 Options→Sheet Properties 命令,在 Circuit 选项卡下,选定 Net Names 中的 Show All,把电路中的节点标志显示到电路图上。

(2) 执行 Simulate→Analyses→Noise Analysis 命令,打开相应的对话框如图 5.6.1 所示,在 Analysis Parameters 选项卡中,设置分析参数。

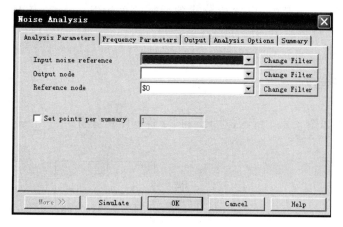

图 5.6.1 Analysis Parameters 选项卡参数设置

- Input noise reference:输入噪声参考源。
- Output node:输出节点。作噪声分析的节点。
- Reference node:参考节点。默认设置:0(接地点)。
- Set points per summary:设置每次求和点数。当该项被选中后,显示被选元件噪声作用时的曲线。用求和的点数除以频率间隔数,会降低输出显示图的分辨率。默认设置:1。

在 Frequency Parameters 选项卡中,设置频率参数,如图 5.6.2 所示。

- Start frequency(FSTART):扫描起始频率。默认设置:1Hz。
- Stop frequency(FSTOP):扫描终止频率。默认设置:10GHz。
- Sweep type:扫描类型。有十倍频(Decade)、线性(Linear)和八倍频程(Octave)3 种。

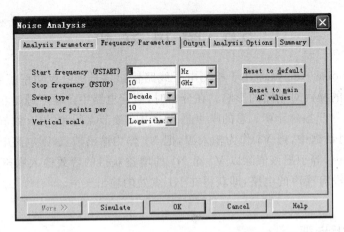

图 5.6.2 Frequency Parameters 选项卡参数设置

默认设置：Decade。
- Number of points per：表示从起始频率到终点频率的点数。默认设置：10。
- Vertical scale：纵坐标刻度。纵坐标刻度有对数(Logarithmic)、线性(Linear)、八倍频程(Octave)和分贝(Decibel)4 种形式。默认设置：Logarithmic。

(3) 在 Output 选项卡中，设置待分析的元件。单击 Simulate(仿真)按钮，得到分析结果。

5.6.2 噪声分析举例

例 5.6 电路如图 5.6.3 所示，对 R1 和 R2 进行噪声分析。

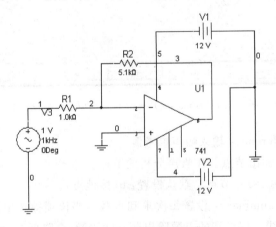

图 5.6.3 噪声分析电路

解：具体操作如下。

① 执行 Simulate→Analyses→Noise Analysis 命令，打开 Noise Analysis 对话框。
② 在 Analysis Parameters 选项卡中，设置分析参数如下：
- Input noise reference：vv3；

- Output node：3；
- Reference node：$0。

③ 在 Frequency Parameters 选项卡中,设置频率参数如下：
- Start frequency(FSTART)：1Hz；
- Stop frequency(FSTOP)：10GHz；
- Sweep type：Decade；
- Number of point per：5；
- Vertical scale：Logarithmic。

④ 在 Output 选项卡中,选择分析对象 inoise_total_rr1 和 inoise_total_rr2。

⑤ 单击 Simulate(仿真)按钮,得到分析结果如图 5.6.4 所示,所得的结果与理论值相似。

另外显示轨迹需重新分析如下：

① 执行 Simulate→Analyses→Noise Analysis 命令。

② 在 Analysis Parameters 选项卡中,在上面分析基础之上再加上参数 Set points per summary：5。

③ 在 Output 选项卡中,选择分析对象 onoise_total_rr1 和 onoise_total_rr2。

④ 单击 Simulate(仿真)按钮,得到分析结果如图 5.6.5 所示。

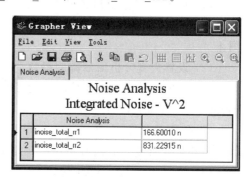

图 5.6.4 噪声分析结果 1

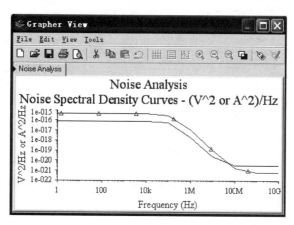

图 5.6.5 噪声分析结果 2

图 5.6.5 表明噪声电压在低频是恒定的,而在高频显然是衰减的。

5.7 失真分析

失真分析(Distortion Analysis)用于分析电子电路中的谐波失真和内部调制失真。电路输出信号的失真通常是由电路增益的非线性或相位不一致造成的。增益的非线性造成谐波失真,相位不一致造成交互调变失真。失真分析对于分析小的失真是非常有效的,而在瞬态分析中小的失真一般是分辨不出来的。假设电路中有一个交流信号源,则失真分析将检测并计算电路中每一点的二次谐波和三次谐波的复数值。假设电路中有两个交流信号源频率为 f1 和 f2,则失真分析将在 3 个特定频率中寻找电路变量的复数值,这 3 个频率点是:f1、f2 的和(f1+f2);f1、f2 的差 f1-f2;f1 和 f2 中频率较高的交流信号源的二次谐波频率减去频率较低的交流信号源的二次谐波频率的差。

5.7.1 失真分析步骤

(1) 在电路工作窗口创建需进行分析的电路,执行 Options→Sheet Properties 命令,在 Circuit 选项卡下,选定 Net Names 中的 Show All,把电路中的节点标志显示到电路图上。

(2) 设置失真分析信号源的参数。

① 双击信号源,在 Value 下选择 Distortion Frequency 1 magnitude 或 Distortion Frequency 1 Phase,并且设置输入的幅值和相位。

② 在 Value 下选择 Distortion Frequency 2 magnitude 或 Distortion Frequency 2 Phase,并且设置输入的幅值和相位。此设置仅用于测电路内部互调失真分析。

(3) 执行 Simulate→Analyses→Distortion Analysis 命令,打开相应的对话框如图 5.7.1 所示,在 Analysis Parameters 选项卡中,设置分析参数。

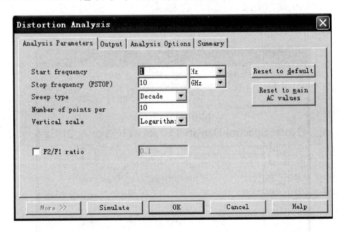

图 5.7.1 Distortion Analysis 对话框

- Start frequency:起始频率。默认设置:1Hz。
- Stop frequency(FSTOP):终止频率。默认设置:10GHz。
- Sweep type:扫描类型。有十倍频(Decade)、线性(Linear)和八倍频程(Octave)3 种。默认设置:Decade。
- Number of points per:表示从起始频率到终点频率的点数。默认设置:10。
- Vertical scale:纵坐标刻度。纵坐标刻度有对数(Logarithmic)、线性(Linear)、八倍频程(Octave)和分贝(Decibel)4 种形式。默认设置:Logarithmic。
- F2/F1 ratio:当电路中有两个频率的信号源时,如果选中该项,在 f1 扫描范围,f2 被设定为对话框内 F2/F1 ration 的设置值(如 0.9)与 f1 起始频率的设置值的乘积,要求 F2/F1 ration 必须大于 0 小于 1。

(4) 在 Output 选项卡中,设置待分析的节点。单击 Simulate(仿真)按钮,得到分析结果。

5.7.2 失真分析举例

例 5.7 分析共发射极放大电路如图 5.7.2 所示的失真情况,晶体管为 2N2222A,输入为两个不同频率的交流信号,观察输出节点 5 的失真情况。

(1) 分析节点 5 的二次谐波和三次谐波的失真情况。

(2) 分析节点 5 处的电路内部调制频率: f1+f2、f1−f2 和 2*f1−f2 相对于频率的互调失真。

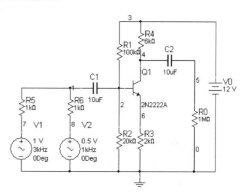

图 5.7.2 共发射极放大电路

解:(1) 具体操作如下:

① 在电路工作窗口创建需进行分析的电路,执行 Options→Sheet Properties 命令,在 Circuit 选项卡下,选定 Net Names 中的 Show All,把电路中的节点标志显示到电路图上。

② 设置失真分析信号源的参数。

- 双击信号源 V1,在 Value 下选择 Distortion Frequency 1 magnitude,输入幅值为 1V;
- 双击信号源 V2,在 Value 下选择 Distortion Frequency 1 magnitude,输入幅值为 0.5V。

③ 单击 Simulate→Analyses→Distortion Analysis 命令,在 Analysis Parameters 选项卡中,设置分析参数如下:

- Start frequency:1Hz;
- Stop frequency(FSTOP):10GHz;
- Sweep type:Decade;
- Number of points per:100;
- Vertical scale:Logarithmic。

在 Output 选项卡中,设置待分析的节点为节点 5。

④ 单击 Simulate(仿真)按钮,得到节点 5 的二次谐波和三次谐波的失真情况如图 5.7.3 和图 5.7.4 所示。

(2) 在(1)的设置参数基础上,再增加以下设置。

① 分别双击信号源 V1 和 V2,在 Value 下选择 Distortion Frequency 2 magnitude,分别输入幅值为 1V 和 0.5V。

② 执行 Simulate→Analyses→Distortion Analysis 命令,在 Analysis Parameters 选项卡中,在(1)问分析设置基础上选中 F2/F1 ratio 项。

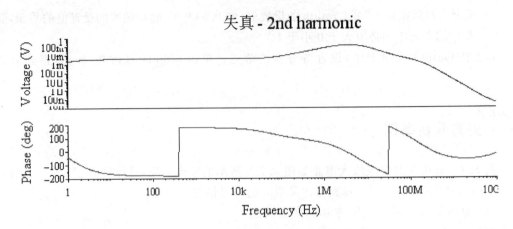

图 5.7.3　节点 5 二次谐波失真情况

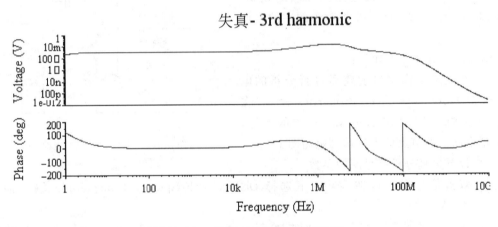

图 5.7.4　节点 5 三次谐波失真情况

③ 单击 Simulate(仿真)按钮,得到节点 5 处的电路内部调制频率:f1＋f2、f1－f2 和 2＊f1－f2 相对于频率的互调失真分析如图 5.7.5 所示。

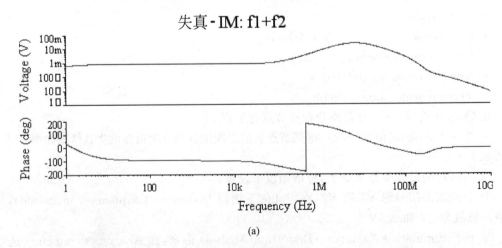

(a)

图 5.7.5　节点 5 处测得的电路内部互调失真

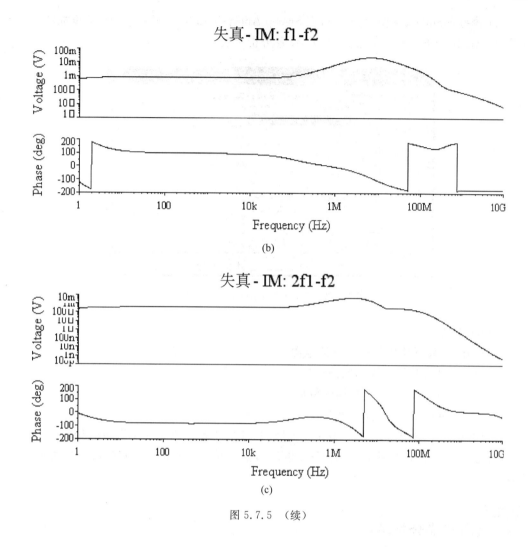

图 5.7.5 （续）

5.8 直流扫描分析

直流扫描分析（DC Sweep Analysis）是直流转移特性分析，允许设置两个扫描变量，通常第一个扫描变量（主独立源）所覆盖的区间是内循环，第二个扫描变量（次独立源）扫描区间为外循环。直流扫描分析的作用是计算电路在不同直流电源下的直流工作点。

5.8.1 直流扫描分析步骤

（1）在电路工作窗口创建需进行分析的电路，执行 Options→Sheet Properties 命令，在 Circuit 选项卡下，选定 Net Names 中的 Show All，把电路中的节点标志显示到电路图上。

(2) 执行 Simulate→Analyses→DC Sweep Analysis 命令,打开相应的对话框如图 5.8.1 所示,在 Analysis Parameters 选项卡中,设置分析参数。

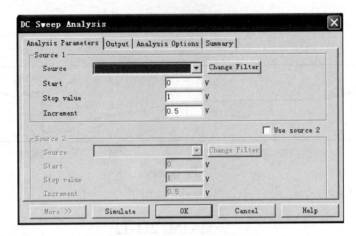

图 5.8.1 Analysis Parameters 选项卡

Source 1 区域:
- Source:设置所要扫描的直流电源;
- Start:设置开始扫描的数值;
- Stop value:设置终止扫描的数值;
- Increment:设置扫描的增量值。

如果有第二个电源需设置 Source 2 区域的参数,设法与 Source 1 区域的相同。

(3) 打开 Output 选项卡,选定需分析的节点。单击 Simulate(仿真)按钮,得到分析结果。

5.8.2 直流扫描分析举例

例 5.8 如图 5.8.2 所示分析共射放大电路中直流电源 V2 从 0V 变化到 20V 时,输出节点 3 的变化情况。图中三极管 β 值为 50。

解:具体操作如下。

① 创建待分析电路,设置元件参数,显示节点标志。

② 执行 Simulate → Analyses → DC Sweep Analysis 命令,打开相应的对话框如图 5.8.3 所示,在 Analysis Parameters 选项卡中,设置分析参数。

③ 打开 Output 选项卡,选定节点 $3。单击 Simulate(仿真)按钮,得到分析结果。如图 5.8.4 所示。

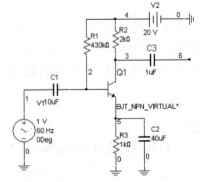

图 5.8.2 共射放大电路

第5章 Multisim 9的基本分析方法

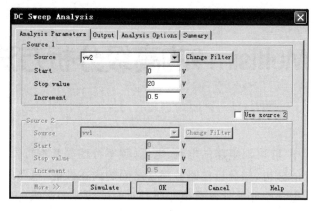

图 5.8.3 Analysis Parameters 选项卡的设置

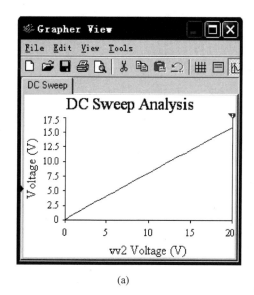

(a)   (b)

图 5.8.4 直流扫描分析结果

第 6 章 Multisim 9的高级分析方法

在电路设计过程中，除可对电路的电流、电压、频率特性等基本特征进行测试外，还需要对电路进行更为深入的分析，如分析电路各部分之间的内在性能（电路的零极点分析和电路传输函数的分析等），电路中元器件参数值变化时对电路特性的影响（温度变化的影响、参数变化的影响等），参数统计变化对电路影响的两种统计分析等。

Multisim 提供了 12 种高级分析方法：

(1) 灵敏度分析（Sensitivity Analysis）；
(2) 参数扫描分析（Parameter Sweep Analysis）；
(3) 温度扫描分析（Temperature Sweep Analysis）；
(4) 零-极点分析（Pole-Zero Analysis）；
(5) 传递函数分析（Transfer Function Analysis）；
(6) 最坏情况分析（Worst Case Analysis）；
(7) 蒙特卡罗分析（Monte Carlo Analysis）；
(8) 布线宽度分析（Trace Width Analysis）；
(9) 批处理分析（Batched Analyses）；
(10) 用户自定义分析（User Defined Analyses）；
(11) 噪声系数分析（Noise Figure Analysis）；
(12) 射频分析（RF Analysis）。

这些分析方法可以准确、快捷地完成电路的分析需求。本章将详细介绍这些高级分析方法的作用、建立分析过程的方法、分析工具中对话框的使用以及测试结果的分析等方面。

6.1 灵敏度分析

灵敏度分析（Sensitivity Analysis）包括直流灵敏度（DC Sensitivity）和交流灵敏度（AC Sensitivity）分析。灵敏度分析是利用参数扰动法来计算电路参数变化对输出电压或输出电流的影响的方法。直流灵敏度分析建立在直流工作点分析基础之上。通过直流灵敏度分析求得输出节点电压或输出电流对电路中所有元件参数变化的灵敏度。交流灵敏度分析是在交流小信号条件下进行分析的，目的是求得输出节点电压或输出电流对电路中某个元件参数变化的灵敏度。灵敏度分析可以使用户了解并预测生产加工过程中元件参数变化对电路性能的影响。

6.1.1 直流和交流灵敏度分析步骤

(1) 在电路工作窗口创建需进行分析的电路,执行 Options→Sheet Properties 命令,在 Circuit 选项卡下,选定 Net Names 中的 Show All,把电路中的节点标志显示到电路图上。

(2) 执行 Simulate→Analyses→Sensitivity Analysis 命令,打开相应的对话框如图 6.1.1 所示,在 Analysis Parameters 选项卡中,设置分析参数。

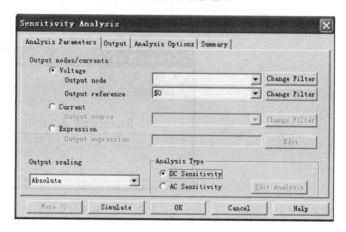

图 6.1.1 Sensitivity Analysis 对话框

Voltage:电压项。单击此项选择节点电压为输出变量。
- Output node:输出节点(待分析的输出节点电压)。
- Output reference:输出参考点(待分析节点电压的参考节点)。默认设置:＄0(接地)。

Current:电流项。单击此项选择电流为输出变量。参数 Output source:输出电源。必须为电路中的电流源。

Expression:编辑输出函数表达式。单击 Edit 按钮,打开 Analysis Expression 对话框,编辑输出函数表达式,并将其填入 Output expression 栏内。

Output scaling:选择灵敏度输出格式。包括 Absolute(绝对灵敏度)和 Relative(相对灵敏度)两个选项。

Analysis Type:选择灵敏度分析类型,可选 DC Sensitivity 或 AC Sensitivity。如果选择 AC Sensitivity 还可以单击 Edit Analysis 按钮,在打开的对话框中,编辑 AC 频率分析的扫描方式、扫描点和纵轴方式。

(3) 在 Output 选项卡中,选定需分析的元件。单击 Simulate(仿真)按钮,得到分析结果。

6.1.2 直流和交流灵敏度分析举例

例 6.1 使用灵敏度分析功能分析图 6.1.2 所示电路中节点 2 的电压随电路中其他参数变化的情况。

解：具体操作如下。

① 在电路工作窗口创建需进行分析的电路，执行 Options→Sheet Properties 命令，在 Circuit 选项卡下，选定 Net Names 中的 Show All，把电路中的节点标志显示到电路图上。

② 执行 Simulate→Analyses→Sensitivity Analysis 命令，打开相应的对话框，在 Analysis Parameters 选项卡中，设置分析参数。

选中 Voltage：Output node 设为 $2；Output reference 设为 $0。Output scaling 选中 Absolute。Analysis Type 选中 DC Sensitivity。

③ 在 Output 选项卡，选 rr1、rr2、vv1。单击 Simulate（仿真）按钮，得到分析结果如图 6.1.3 所示。

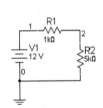
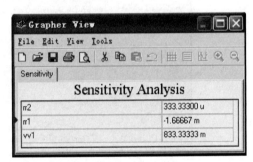

图 6.1.2　直流灵敏度分析电路　　　图 6.1.3　直流灵敏度分析结果

例 6.2　使用灵敏度分析功能分析图 6.1.4 所示电路中节点 2 的电压随电路中其他参数变化的情况。

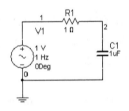

图 6.1.4　交流灵敏度分析电路

解：具体操作如下。

① 在电路工作窗口创建需进行分析的电路，执行 Options→Sheet Properties 命令，在 Circuit 选项卡下，选定 Net Names 中的 Show All，把电路中的节点标志显示到电路图上。

② 执行 Simulate→Analyses→Sensitivity Analysis 命令，打开相应的对话框，在 Analysis Parameters 选项卡中，设置分析参数。

- Voltage：Output node 设为 $2；Output reference 设为 $0。
- Output scaling：选中 Absolute。
- Analysis Type：选中 AC Sensitivity。

单击 Edit Analysis 按钮打开 Sensitivity AC Analysis，设置参数如图 6.1.5 所示。

③ 在 Output 选项卡，选 rr1。单击 Simulate（仿真）按钮，得到分析结果，如图 6.1.6 所示。

第6章 Multisim 9的高级分析方法

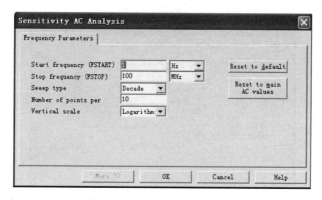

图 6.1.5　交流参数的设置

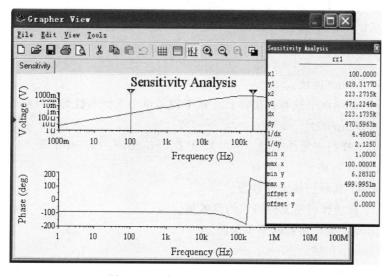

图 6.1.6　交流灵敏度分析的结果

6.2　参数扫描分析

参数扫描分析（Parameter Sweep Analysis）是将电路参数设置在一定范围内变化，以分析参数变化对电路性能的影响，这相当于对电路进行多次不同参数的仿真分析，可以快速检验电路性能。进行分析时，用户可以设置参数变化的开始值、结束值、增量值和扫描方式，从而控制参数的变化。参数扫描可以有3种分析：直流工作点分析、瞬态分析和交流频率分析。

6.2.1　参数扫描分析步骤

（1）创建待分析电路，设置元件参数，显示节点标志。

（2）执行 Simulate→Analyses→Parameter Sweep Analysis 命令，打开相应的对话框如图 6.2.1 所示，在 Analysis Parameters 选项卡中，设置分析参数。

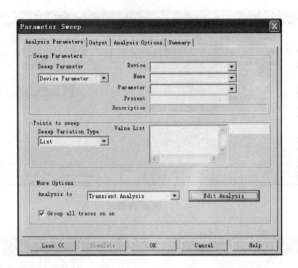

图 6.2.1 Parameter Sweep 对话框

Sweep Parameters 区域：
- Sweep Parameter：选择扫描参数。从下拉菜单中选择参数类型（Device Parameter、Model Parameter）。
- Device：选择扫描元件类型。可以是 BJT、Capacitor、Inductor 等。
- Name：选择扫描元件的名称。
- Parameter：选择扫描元件参数。
- Present：被选择扫描元件当前的参数值。
- Description：显示参数的简单说明。

Points to sweep 区域：
- Sweep Variation Type：设置扫描类型。下拉列表框中选择扫描类型 List 列表、Linear 线性、Decade 十倍频、Octave 八倍频程 4 种方式。然后，分别在 Start、Stop、Increment 栏内填入扫描的起始值、终止值和增量值。List 扫描类型除外。
- Value List：只有 List 扫描方式才有的参数变化值列表。设置扫描的起始值、终止值等，这些值用空格、逗号或分号分隔。

More Options 区域：
- Analysis to：扫描形式。有 DC Operating Point 直流工作点分析、AC Analysis 交流频率分析、Transient Analysis 暂态分析、Nested Sweep 嵌套式扫描。
- Edit Analysis：设置扫描形式的初始条件 Initial Conditions、起始时间 Start time、终止时间 End time、增量步长 Increment Step Size。

（3）在 Output 选项卡中，选定需分析的节点。单击 Simulate（仿真）按钮，得到分析结果。

6.2.2 参数扫描分析举例

例 6.3 晶体管振荡电路如图 6.2.2 所示，分析电路中的电感 L_1 变化时振荡频率变化过程。

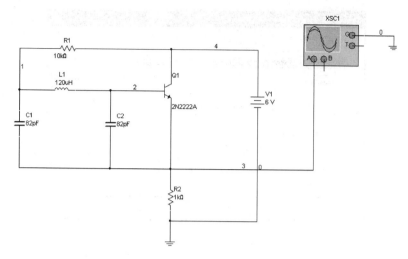

图 6.2.2　晶体管振荡电路

解：具体操作如下。

① 创建待分析电路，设置元件参数，显示节点标志。

② 执行 Simulate→Analyses→Parameter Sweep Analysis 命令，打开相应的对话框如图 6.2.3 所示，在对话框 Parameter Sweep 中，设置分析参数。

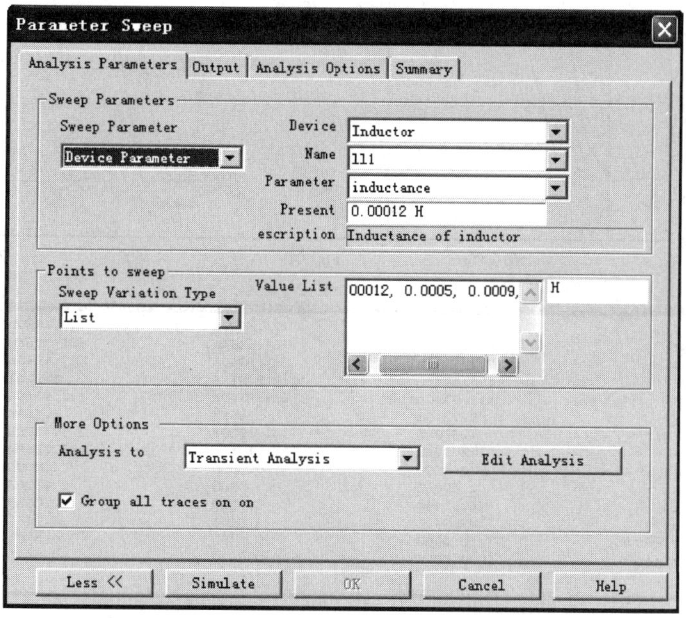

图 6.2.3　设置 Parameter Sweep 对话框中参数

单击 Edit Analysis 按钮，设置瞬态分析的参数如图 6.2.4 所示，设置完毕后单击 OK 按钮。

③ 在 Output 选项卡中，选定需分析的节点 3。单击 Simulate(仿真)按钮，得到分析结果如图 6.2.5 所示。

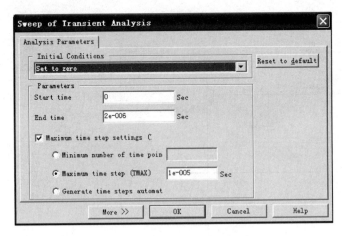

图 6.2.4 设置瞬态分析的参数

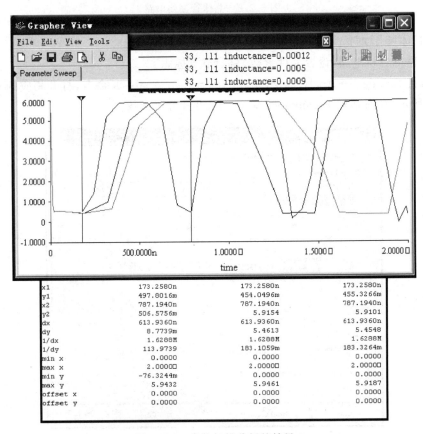

图 6.2.5 参数扫描分析的结果

6.3 温度扫描分析

　　电阻的阻值、晶体管的电流放大系数等许多元件的参数都是随温度变化的,元件参数改变电路性能也随之改变,严重时会导致电路不能正常工作。温度扫描分析(Temperature

Sweep Analysis)是为了仿真电路的温度特性,以便对电路参数进行合理设计。

6.3.1 温度扫描分析步骤

(1) 创建待分析电路,设置元件参数,显示节点标志。
(2) 执行 Simulate→Analyses→Temperature Sweep Analysis 命令,打开相应的对话框如图 6.3.1 所示,在对话框 Temperature Sweep Analysis 中,设置分析参数。设置温度扫描分析参数的方法类似于参数扫描分析。

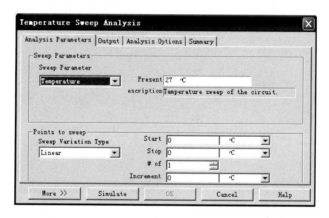

图 6.3.1　Temperature Sweep Analysis 对话框

(3) 在 Output 选项卡中,选定需分析的节点。单击 Simulate(仿真)按钮,得到分析结果。

6.3.2 温度扫描分析举例

例 6.4　试用温度扫描分析功能分析图 6.3.2 所示的二极管整流滤波电路在 100℃时的工作情况。

解:具体操作如下。
① 创建待分析电路,设置元件参数,显示节点标志。
② 执行 Simulate→Analyses→Temperature Sweep Analysis 命令,打开相应的对话框,在对话框 Temperature Sweep Analysis 中,设置分析参数。设置温度扫描分析参数的方法类似于参数扫描分析。

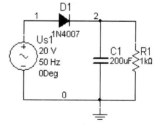

图 6.3.2　二极管整流滤波电路

- Sweep Variation Type:设为 Linear;
- Start:设为 27℃;
- Stop:设为 100℃;
- #of:设为 2;
- Analysis to:设为 Transient Analysis。

单击 Edit Analysis 按钮设置暂态分析的参数如下：
- Initial Conditions：设为 Set to Zero；
- Start time：设为 0s；
- End time：设为 0.1s。

③ 在 Output 选项卡中，选择节点＄2。单击 Simulate（仿真）按钮，得到分析结果如图 6.3.3 所示。

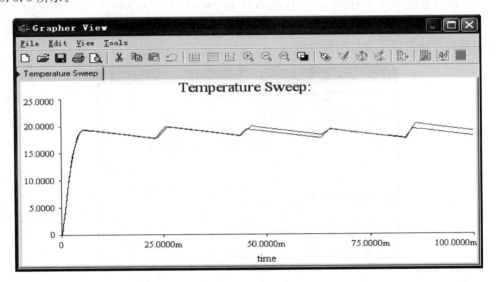

图 6.3.3　温度扫描分析的结果

由图可见，上面一条线是工作环境温度为 27℃时的输出曲线，下面一条线是工作环境为 100℃时的输出曲线。

6.4　零-极点分析

零-极点分析（Pole-Zero Analysis）是求解交流小信号电路传递函数的极点和零点，以确定电路的稳定性。它广泛应用于负反馈放大电路和自动控制系统的稳定性分析。在进行分析时，首先计算电路的直流工作点，并求得所有非线性元件在交流小信号条件下的线性化模型，在此基础上再分析传输函数的零、极点。由于传递函数在输入及输出的选择上可以是电压，也可以是电流，因此分析结果有电压增益、电流增益、跨导和转移阻抗之分。

6.4.1　零-极点分析步骤

（1）创建待分析电路，设置元件参数，显示节点标志。

（2）执行 Simulate→Analyses→Pole-Zero Analysis 命令，打开相应的对话框如图 6.4.1 所示，设置分析参数。

Analysis Type：分析类型栏。选择分析类型。
- Gain Analysis(output voltage/input voltage)：电路增益（输出电压/输入电压）分析。

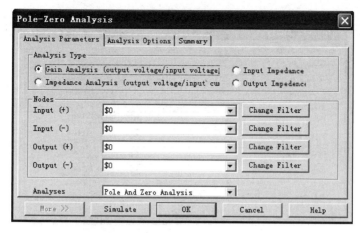

图 6.4.1　Pole-Zero Analysis 对话框

- Impedance Analysis(output voltage/input current)：电路互阻(输出电压/输入电流)分析。
- Input Impedance：电路输入阻抗分析。
- Output Impedance：电路输出阻抗分析。

Nodes：节点显示栏。选择输入、输出的正负端节点。

- Input(＋)：输入节点正端。
- Input(－)：输入节点负端。
- Output(＋)：输出节点正端。
- Output(－)：输出节点负端。

Analyses：分析栏。

- Pole And Zero Analysis：同时求极点和零点分析。
- Pole Analysis：极点分析。
- Zero Analysis：零点分析。

(3) 单击 Simulate(仿真)按钮，得到分析结果。

6.4.2　零-极点分析举例

例 6.5　分析图 6.4.2 所示的 LC 电路的零极点分布的情况。

解：具体操作如下。

① 创建待分析电路，设置元件参数，显示节点标志。

② 执行 Simulate→Analyses→Pole-Zero Analysis 命令，打开相应的对话框如图 6.4.3 所示，在对话框 Pole-Zero Analysis 中，设置分析参数。

③ 单击 Simulate(仿真)按钮，得到分析结果如图 6.4.4 所示。

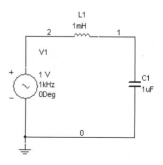

图 6.4.2　LC 串联电路

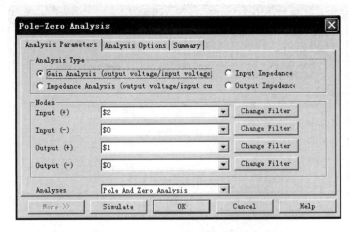

图 6.4.3　设置 Pole-Zero Analysis 对话框中的参数

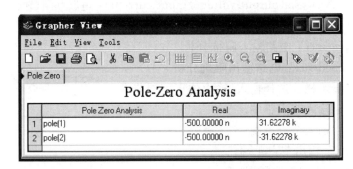

图 6.4.4　零-极点分析结果

6.5　传递函数分析

传递函数分析(Transfer Function Analysis)用于求解小信号交流状态下电路中指定的两个输出节点与输入电源之间的传递函数,也可以计算电路的输入阻抗和输出阻抗。传递函数分析的过程也是先计算电路的静态工作点,再求所有非线性元件在交流小信号条件下的线性化模型,然后求电路的传递函数。这里,输出变量可以是电路中的任何节点,而输入变量必须是电路中某处的独立电源。

6.5.1　传递函数分析步骤

(1) 创建待分析电路,设置元件参数,显示节点标志。

(2) 执行 Simulate→Analyses→Transfer Function Analysis 命令,打开相应的对话框如图 6.5.1 所示,在对话框 Transfer Function Analysis 中,设置分析参数。

① Input source:选择要分析的输入电源。必须为电路中的独立电压源或电流源。

② Output nodes/source:选择要分析的输出节点/电源。

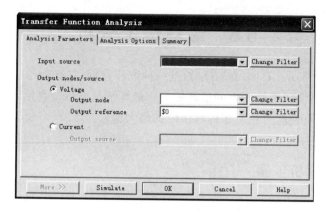

图 6.5.1　Transfer Function Analysis 对话框

- Voltage：电压项。单击该项选择节点电压为输出变量。其中，Output node：输出节点(待分析的节点电压)；Output reference：输出参考点(待分析节点电压的参考节点)。通常是接地端。
- Current：电流项。单击该项选择电流为输出变量。Output source 为输出电源。必须为电路中的电流源。

(3) 单击 Simulate(仿真)按钮，得到分析结果。

6.5.2　传递函数分析举例

例 6.6　分析图 6.5.2 所示电路的传递函数、输入阻抗和输出阻抗。

解：具体操作如下。

① 创建待分析电路，设置元件参数，显示节点标志。

② 执行 Simulate→Analyses→Transfer Function Analysis 命令，打开相应的对话框，在对话框 Transfer Function Analysis 中，设置分析参数如下：

- Input source：vv1。
- Voltage：选中。
- Output node：$2。

③ 单击 Simulate(仿真)按钮，得到分析结果如图 6.5.3 所示。

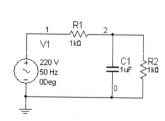

图 6.5.2　传递函数分析的电路

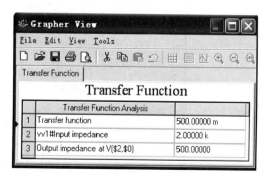

图 6.5.3　传递函数分析结果

6.6 最坏情况分析

最坏情况分析（Worst Case Analysis）是一种统计分析，它有助于电路设计者了解元器件参数的变化对电路性能可能产生的最坏影响。最坏情况分析是在给定电路元件参数容差的情况下，估算出电路性能与相对于标称值时的最大偏差。

6.6.1 最坏情况分析步骤

（1）创建待分析电路，设置元件参数，显示节点标志。
（2）单击 Simulate→Analyses→Worst Case Analysis 命令，打开相应的对话框如图 6.6.1 所示，在对话框 Worst Case Analysis 中，设置分析参数。

图 6.6.1 Worst Case Analysis 对话框

在 Model tolerance list 选项卡下设置最坏情况分析容差，在 Current list of tolerances 栏列出目前的元件模型误差。单击下面 3 个按钮进行添加、编辑和删除元件模型误差设置，详见例 6.7。

在 Analysis Parameters 选项卡下设置最坏分析参数，如图 6.6.2 所示。

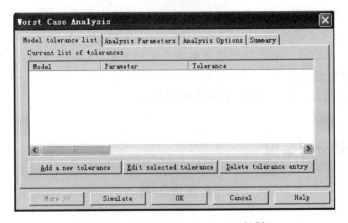

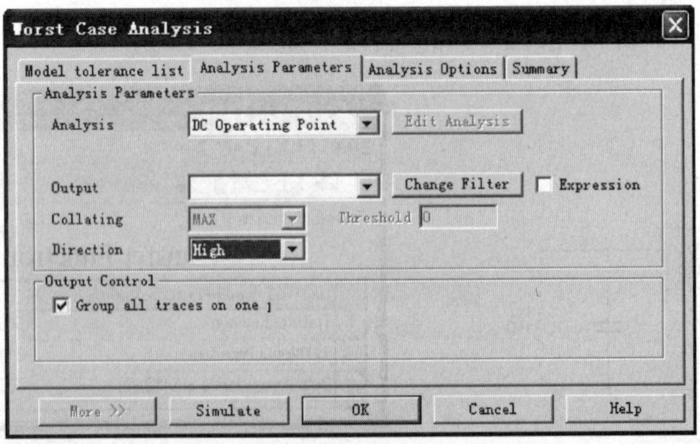

图 6.6.2 Analysis Parameters 选项卡

Analysis Parameters 区域:

① Analysis:选择分析选项。
- DC Operating Point:直流工作点分析,选中该项进行直流工作点的最坏情况分析。
- AC Frequency Analysis:交流频率分析,选中该项进行交流频率最坏情况分析。但必须单击 Set AC options 按钮,打开另一个对话框进行设置。

② Output:选择输出变量。

③ Collating:选择比较函数。共有 MAX(最大电压)、MIN(最小电压)、RISE_EDGE(上升沿频率)、FALL_EDGE(下降沿频率)、FREQUENCY(频率)五种选项。

④ Direction:选择容差变化方向。

Output Control 区域:Group all traces on one,选中此项,可将所有分析结果在一个图中显示。

(3) 单击 Simulate(仿真)按钮,得到分析结果。

6.6.2 最坏情况分析举例

例 6.7 试用最坏情况分析功能分析图 6.6.3 所示固定偏置电路,在元件参数的允许误差为 10% 的条件下,晶体管集电极电位的最大值。

解:具体操作如下。

(1) 创建待分析电路,设置元件参数,显示节点标志。

(2) 执行 Simulate→Analyses→Worst Case Analysis 命令,打开相应的对话框,在对话框 Worst Case Analysis 中设置分析参数。

① 在 Model tolerance list 选项卡下单击 Add a new tolerance 按钮打开 Tolerance 对话框如图 6.6.4 所示。

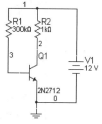

图 6.6.3 最坏情况分析电路

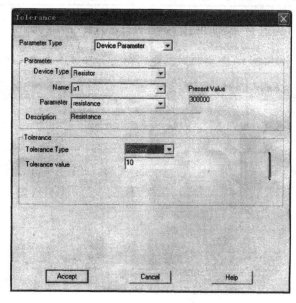

图 6.6.4 误差设置对话框

Parameter Type：（选择元件模型参数或器件参数）选中 Device Parameter。

Parameter 区域：
- Device Type：（器件类型）选中 Resistor。
- Name：（器件名称）在下拉菜单中选中 rr1。
- Parameter：（选定需设定的参数）选中 resistance；Present Value：当前改变参数的设定值（不可更改）。
- Description：为 Parameter 所选参数的说明。

Tolerance 区域：
- Tolerance Type：（容差类型）有 Percent（百分之）、Absolute（绝对值）两种类型。选中 Percent 类型。
- Tolerance value：（容差值）根据所选容差类型设置容差值。此例中值为 10。

单击 Accept 按钮，在 Current list of tolerances 框中显示在 Tolerance 框中设置的参数。再单击 Add a new tolerance 按钮继续增加元件误差设置。此例中设置的元件误差参数如图 6.6.5 所示。

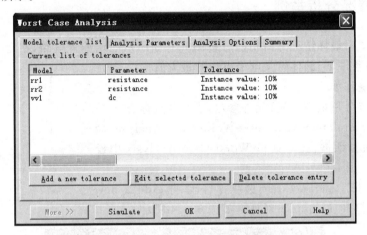

图 6.6.5　设置的元件误差参数

② 在 Analysis Parameters 选项卡下设置最坏分析参数如图 6.6.6 所示。

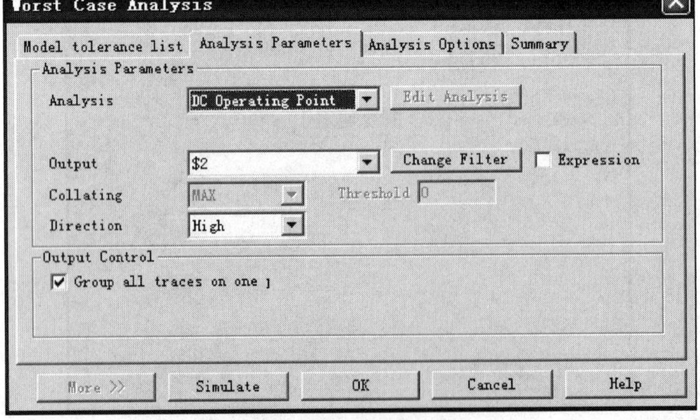

图 6.6.6　设置最坏分析参数

(3) 单击 Simulate(仿真)按钮,得到分析结果如图 6.6.7 所示。

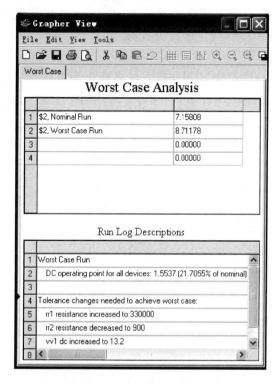

图 6.6.7 最坏情况分析结果

6.7 蒙特卡罗分析

蒙特卡罗分析（Monte Carlo Analysis)是采用统计分析方法来观察给定电路中的元件参数,按选定的误差分布类型在一定的范围内变化时,对电路特性的影响。用这些分析的结果,可以预测电路在批量生产时的成品率和生产成本。

在进行分析时,它首先进行电路的标称值分析,然后在该数值的基础上,加减一个 σ 值进行运行。该 σ 值取决于所选定的误差分布类型。本分析方法提供了两种分布类型:

(1) 均匀分布(Uniform)：元件值在其容值差的范围内以相等的概率出现。是一种线性的分布形式。

(2) 高斯分布(Gaussian)：分布概率为 $p(x) = \dfrac{1}{\sqrt{2\pi}\sigma} e^{\frac{-(\mu-x)^2}{2\sigma^2}}$; μ 为标称参数值; x 为独立变量; σ 为标准偏差(SD)值, $\sigma=$ 误差百分比×标称值/100。

6.7.1 蒙特卡罗分析步骤

(1) 创建待分析电路,设置元件参数,显示节点标志。
(2) 执行 Simulate→Analyses→Monte Carlo Analysis 命令,在对话框 Monte Carlo

Analysis 中,设置分析参数。设置方法与最坏情况分析方法类似,不再重述。不同的地方在 Analysis Parameters 选项卡的不同之处为:Analysis 比最坏情况分析增加了 Transient analysis 一项;Number of runs 设置运行次数,必须大于等于 2;Text Output 选择文字输出的方式。

另外,在 Tolerance 对话框中,Tolerance 区多两个参数:一个是 Distribution 分布类型,有 Gaussian(高斯分布)和 Uniform(均匀分布)两种类型;另一个是 Lot number 随机数的选择。

(3) 单击 Simulate(仿真)按钮,得到分析结果。

6.7.2 蒙特卡罗分析举例

例 6.8 如图 6.7.1 所示的 LRC 电路,用蒙特卡罗分析观察元件电阻 R1 变化允许误差为 10% 的条件下,对输出节点 4 的影响。

解:具体操作如下。

① 创建待分析电路,设置元件参数,显示节点标志。

② 单击 Simulate→Analyses→Monte Carlo Analysis 命令,在 Analysis Parameters 选项卡中设置参数如图 6.7.2 所示。

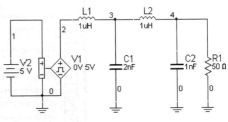

图 6.7.1 蒙特卡罗分析电路

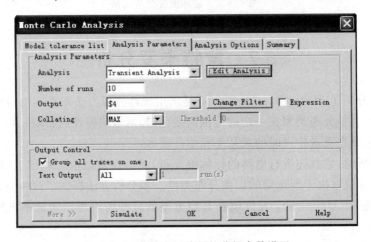

图 6.7.2 蒙特卡罗分析的分析参数设置

③ 单击 Edit Analysis 按钮,设置瞬态分析参数如图 6.7.3 所示,设置完毕单击 OK 按钮。

④ 单击 Add a new tolerance 按钮,设置 Tolerance 对话框中的参数如图 6.7.4 所示。设置完毕单击 Accept 按钮,元件模型容差参数显示在 Model tolerance list 选项卡中。单击 Model tolerance list 选项卡中的 Simulate 进行仿真。得到仿真结果如图 6.7.5 所示。

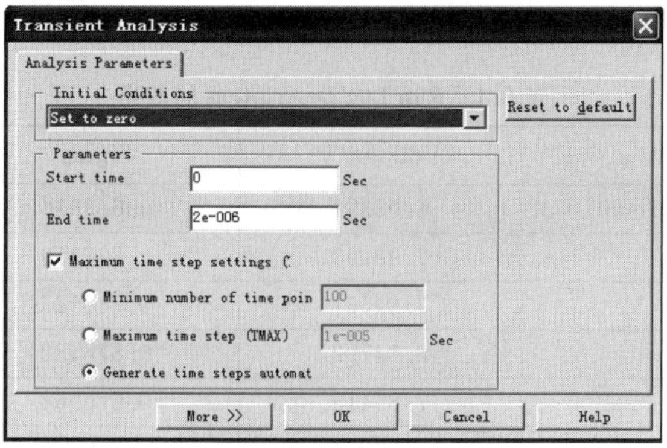

图 6.7.3 设置瞬态分析参数

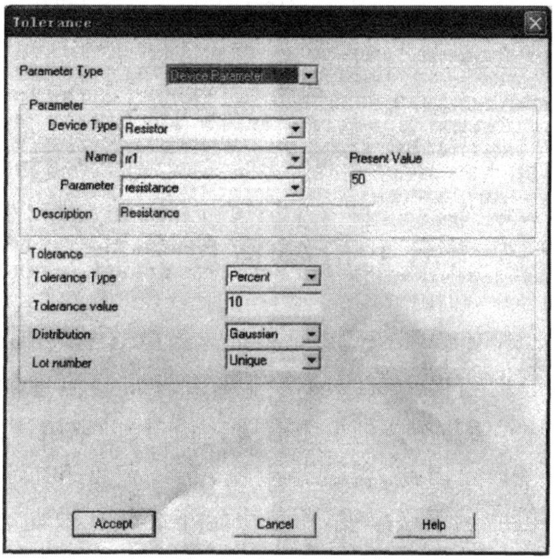

图 6.7.4 设置元件误差参数

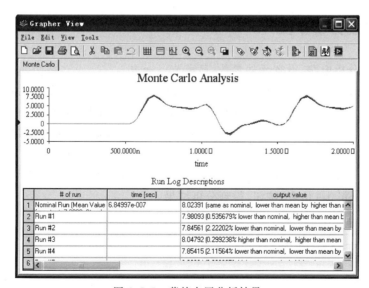

图 6.7.5 蒙特卡罗分析结果

⑤ 在仿真结果中 Run Log Description 的数据如表 6.1 所示。

表 6.1　Run Log Description 的数据

Run	Time/s	Voltage/V	Sigma	Resistance/Ω
Nominal	6.84997e-007	8.02391	0.683616	50
1		7.98093	0.338359	49.1871
2		7.84561	0.748527	46.8448
3		8.04792	0.876482	50.4622
4		7.85415	0.679964	46.9942
5		8.09294	1.23812	51.345
6		8.06208	0.990239	50.7376
7		7.75831	1.44978	45.3516
8		7.89882	0.321146	47.7863
9		7.71688	1.78255	44.6645
10		8.04526	0.855156	50.4108

6.8　布线宽度分析

布线宽度分析(Trace Width Analysis)是根据流经电路中电流的有效值计算最小布线宽度,电流的有效值由仿真获得。布线的电流将引起布线温度的增加。根据公式 $P=I^2R$,功率不仅与电流有关,还与布线的电阻有关,而布线的电阻决定于它的横截面积(布线宽度和布线厚度的乘积)。因此,温度是电流、布线宽度和布线厚度的非线性函数。PCB 布局技术限制用于电线的铜层厚度,所以决定布线热耗散能力的是它的表面积或者宽度。

6.8.1　布线宽度分析步骤

(1) 创建待分析电路,设置元件参数,显示节点标志。

(2) 执行 Simulate→Analyses→Trace Width Analysis 命令,在对话框 Trace Width Analysis 中设置分析参数,如图 6.8.1 所示。Trace width analysis 选项卡中的参数如下:

① Maximum temperature above ambient:高于环境温度的最大温度数值;

② Weight of plating:单位面积布线铜层的重量(盎司/平方英尺)。

单击 Analysis Parameters 按钮,设置分析参数与其他分析设置方法相同。

(3) 单击 Simulate(仿真)按钮,得到分析结果。

6.8.2　布线宽度分析举例

例 6.9　电路如图 6.8.2 所示,对此电路进行布线宽度分析。

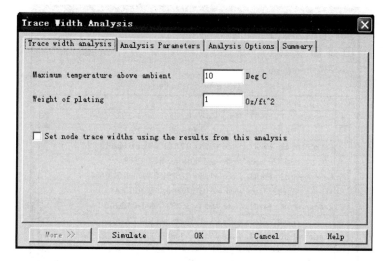

图 6.8.1 布线宽度分析参数的设置

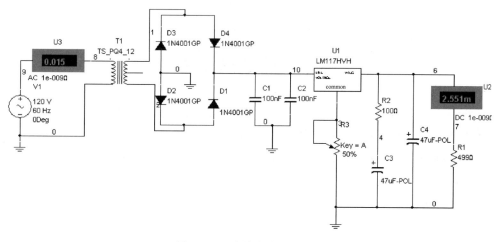

图 6.8.2 布线宽度分析电路

解:具体操作如下。(1) 创建待分析电路,设置元件参数,显示节点标志。

(2) 执行 Simulate→Analyses→Trace Width Analysis 命令,在 Trace width analysis 选项卡中设置分析参数:

- Maximum temperature above ambient:设为 10。
- Weight of plating:设为 1。

在 Analysis Parameters 选项卡中设置分析参数如下:

- Initial conditions:设为 Set to zero。
- Start time:设为 0。
- End time:设为 0.001。

(3) 其他值设置为默认,单击 Simulate(仿真)按钮,得到分析结果,如图 6.8.3 所示。

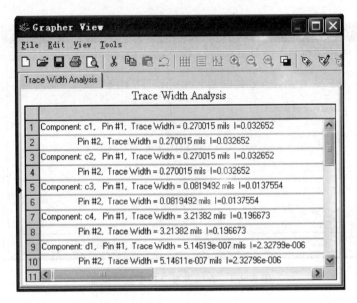

图 6.8.3　布线宽度分析结果

6.9　批处理分析

批处理分析(Batched Analyses)是指将不同类型的分析或同一种分析的多个实例组合到一起依次运行。在实际电路分析中,往往需要对同一个电路进行多次或多种分析。例如,为细致调整电路性能而重复进行同一种分析;为教学目的而验证电路原理;为建立电路分析的记录以及设置分析自动运行的顺序等。

批处理分析步骤如下:

① 创建待分析电路,设置元件参数,显示节点标志。

② 执行 Simulate→Analyses→Batched Analysis 命令,设置分析参数,如图 6.9.1 所示。

Available Analyses 分析列表,在此表中选中需要执行的分析,单击中间的 Add analysis 按钮,所选分析参数的设置对话框出现,可设置相应的参数。完成该分析的设置后,再单击 Add to List 按钮,设置的分析就被加到右侧的 Analyses to Perform 表中。然后单击分析项目左侧的"＋"号,就会显示该分析的总结信息。继续添加需要的分析。但要注意,第一个实例设置将成为后续分析的默认设置。

其他按钮功能介绍:

- Edit Analysis:对选中分析的参数进行编辑;
- Run Selected Analysis:运行批处理分析中的某个分析;
- Run All Analyses:运行批处理分析中的全部分析;
- Delete Analysis:删除批处理分析中的某个分析;
- Remove all Analyses:删除批处理分析中的全部分析;

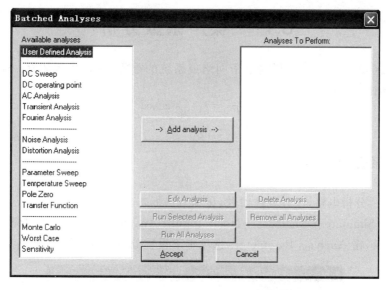

图 6.9.1 批处理分析的对话框

- Accept：保留所有分析；
- Cancel：取消所有选择。

6.10 用户自定义分析

用户自定义分析（User Defined Analyses）允许用户通过下载或键入 SPICE 命令来定义或调整某些仿真分析。它给用户提供一个更加灵活自由的空间。当然，要使用这种分析必须要掌握 SPICE 语言。

执行 Simulate→Analyses→User Defined Analyses 命令，在对话框的 Commands 选项卡中，用户将可执行的 SPICE 命令输入输入框内，再单击 Simulate 按钮即可，如图 6.10.1 所示。

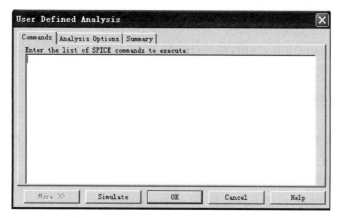

图 6.10.1 用户自定义分析的对话框

6.11 噪声系数分析

噪声系数(noise figure)是描述电子网络或系统的重要指标,其定义为:输入端信噪比与输出端信噪比的比值。即

$$NF = 6\text{Log}_6^{SNRi/SNRo}$$

6.11.1 噪声系数分析步骤

(1) 创建待分析电路,设置元件参数,显示节点标志。

(2) 执行 Simulate→Analyses→Noise Figure Analysis 命令,打开相应的对话框,如图 6.11.1 所示,在 Analysis Parameters 选项卡下设置分析参数如下:

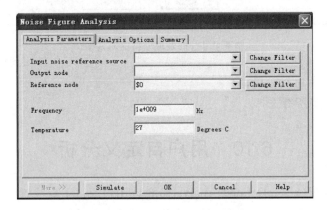

图 6.11.1 噪声分析参数的设置

① Input noise reference source:选择输入噪声的参考电源。
② Output node:选择噪声输出节点。
③ Reference node:选择参考电压节点。
④ Frequency:选择工作频率。
⑤ Temperature:选择工作温度。

(3) 单击 Simulate(仿真)按钮,得到分析结果。

6.11.2 噪声系数分析举例

例 6.10 对如图 6.11.2 所示的射频放大器,在以 V1 为输入噪声的参考电源和以 $output 为噪声输出节点的情况下,进行噪声系数分析。

解:具体操作如下。

① 创建待分析电路,设置元件参数,显示节点标志。
② 执行 Simulate→Analyses→Noise Figure Analysis 命令,在 Analysis Parameters 选项卡下设置分析参数如下:

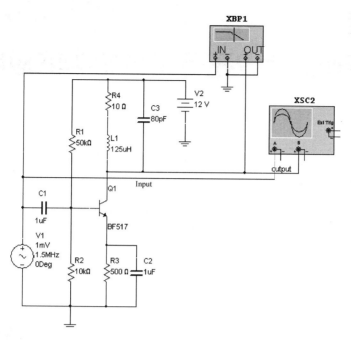

图 6.11.2 噪声系数分析电路

- Input noise reference source：设为 vv1；
- Output node：设为 $output；
- Reference node：设为 $0；
- Frequency：设为 1.5e+006Hz；
- Temperature：设为 27。

③ 单击 Simulate(仿真)按钮,得到分析结果,如图 6.11.3 所示。

图 6.11.3 噪声系数分析结果

6.12 射频分析

射频分析(RF Analysis)噪声(Characterizer,数字和匹配的网络分析)通过执行网络分析仪进行。

第 7 章 Multisim 9在电路分析中的应用

电路分析技术是一种非常重要的技术,是电工电子技术的基础。学习电路分析技术的重点是学会电路分析的基本定律和定理,学会计算电路的基本方法。

7.1 电路的基本规律

7.1.1 欧姆定律

例 7.1 电路如图 7.1.1 所示,电源电压为 12V、电阻 R1 为 10Ω。求流过电阻 R1 的电流。

解:根据欧姆定律 $I=\dfrac{U}{R}$ 可得,流过电阻 R1 的电流理论值为 1.2A。在 Multisim 9 电路窗口创建如图 7.1.1 所示的电路,单击 按钮进行仿真,读出电压表和电流表读数。可见,理论计算与电路仿真结果相同。

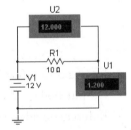

图 7.1.1 欧姆定律验证电路

7.1.2 电路的串、并联定律

例 7.2 电路如图 7.1.2 所示,验证串联电路的特点。

解:按图 7.1.2 所示创建电路,进行仿真。根据串联电路的特点可知:

① 各电流表的示数相同。即 I1=I2=I3。

② 串联电路的总电压等于各部分电路的电压之和。即 U1+U2+U3=12V。可见,理论计算与电路仿真结果相同。

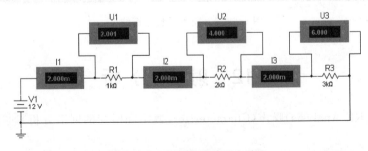

图 7.1.2 串联定律验证电路 1

例 7.3 将一个标称为 3V、1W 的灯泡 X1 与另一个 3V、2W 的灯泡 X2 串联后经过开关接到电源上,电源电压分别为 3V、6V 和 7V 时会出现什么现象?为什么?

解:根据题意创建电路图如图 7.1.3 所示,进行仿真。

① 当电源 V1=3V 时,如图 7.1.3(a)所示,X1 亮(呈黄色)、X2 不亮。因为根据理论分析 X1 的灯泡比 X2 的灯泡获得的实际功率大,因此较亮。也就是说,在串联电路中,灯泡额定功率较小,其电阻较大,在电路中获得的实际功率也较大。

② 当电源 V1=6V 时,如图 7.1.3(b)所示,X1 灯过亮(灯丝呈红色),很可能烧坏;X2 灯正常亮(呈黄色)。因为根据理论分析 X1 获得的实际功率已经远远超过其额定值,灯丝很可能烧坏。

③ 当电源 V1=7V 时,如图 7.1.3(c)所示,X1、X2 灯都不亮。因为增加电源 V1 的值后 X1 灯丝烧坏。

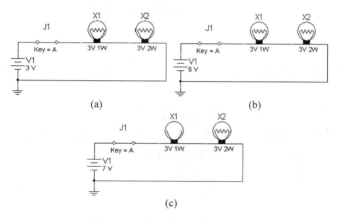

图 7.1.3 串联定律验证电路 2

例 7.4 电路如图 7.1.4 所示,验证并联电路的特点。

解:按图 7.1.4 所示电路创建电路,进行仿真。根据并联电路的特点可知:

① 并联电路的总电流等于各支路电流之和,即 I1+I2=I3。

② 并联电路的总电压等于各支路电压。即 U1=12V。

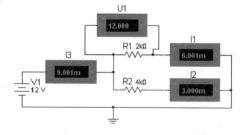

图 7.1.4 并联定律验证电路 1

例 7.5 将三只标称为 13V、10W 的灯泡 X1,12V、10W 的灯泡 X2 和 11V、10W 的灯泡 X3 并联后经过开关接到 12V 电源上,判断哪个灯泡获得的实际功率大于额定功率、等于额定功率和小于额定功率?

解:根据题意创建电路,采用功率计测量每个灯泡的实际功率。判断每个灯泡的实际功率与额定功率的关系。如图 7.1.5 所示,由功率计的读数可知 X1 的实际功率小于额定功率,X2 的实际功率等于额定功率,X3 的实际功率大于额定功率。此题注意功率计的接线方法。

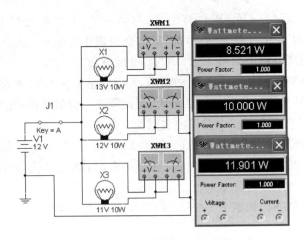

图 7.1.5　并联定律验证电路 2

7.1.3　基尔霍夫电流定律

例 7.6　电路如图 7.1.6 所示,验证基尔霍夫电流定律。

解:按图 7.1.6 所示创建电路,以流入和流出节点 3 的电流来验证基尔霍夫电流定律。根据图中电流的方向,应用基尔霍夫电流定律即流入节点 3 的电流 I1 等于流出该节点电流 I2、I3 的和,即 I1＝I2＋I3。进行仿真,读出各电流表的读数。可见,理论计算与电路仿真结果相同。

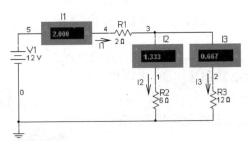

图 7.1.6　基尔霍夫电流定律的验证电路

7.1.4　基尔霍夫电压定律

例 7.7　电路如图 7.1.7 所示,验证基尔霍夫电压定律。

解:按图 7.1.7 所示创建电路,进行仿真,按照图中所标的顺时针方向应用基尔霍夫电压定律即 U1＋U2－V1＝4＋8－12＝0。可见,理论计算与电路仿真结果相同。

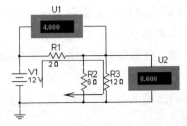

图 7.1.7　基尔霍夫电压定律的验证电路

7.2 电阻电路的分析

电路的分析方法和组成电路的元件、激励源和结构有关,要根据电路的结构特点分析与计算。本节主要介绍 Multisim 9 仿真软件在由时不变的线性电阻、线性受控源和独立源组成的电阻电路中的几种分析方法。

7.2.1 直流电路网孔电流分析

例 7.8 电路如图 7.2.1 所示,试用网孔电流分析法求各支路电流。

解:假定网孔电流在网孔中顺时针方向流动,用网孔电流分析法可求得网孔电流分别为 2A、0.4A。可见,计算结果与电路仿真结果图中电流表的读数相同。

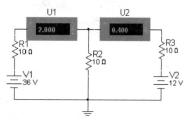

图 7.2.1 网孔电流分析法应用电路

7.2.2 直流电路节点电压分析

例 7.9 电路如图 7.2.2 所示,试利用 Multisim 9 仿真软件求节点电压。

解:图中电路为 3 节点含有理想电压源电路,利用节点电压法求解电路时会增加计算难度,利用 Multisim 9 仿真软件可直接仿真出节点电压,其结果见图中电压表的读数。

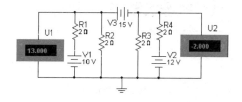

图 7.2.2 节点电压法分析应用电路

7.2.3 叠加定理

例 7.10 电路如图 7.2.3 所示,用叠加定理求各支路的电流。

解:在用 Multisim 9 软件分析电路时,必须有接地点。接好电路后,单击 按钮进行仿真。用叠加定理时,各个电流表的接法应与原图中各个参考方向一致。电流从电流表正极流入,从负极流出。

从仿真结果中得到图 7.2.4 各支路与图 7.2.5 各支路电流相加等于图 7.2.6 各支路电流的大小。

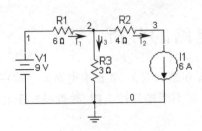

图 7.2.3　叠加定理验证电路

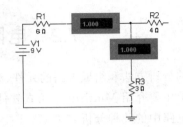

图 7.2.4　电压源单独作用仿真电路

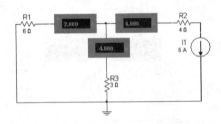

图 7.2.5　电流源单独作用仿真电路

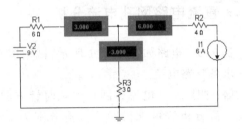

图 7.2.6　电压源、电流源共同作用仿真电路

7.2.4　齐次定理

例 7.11　电路如图 7.2.7 所示，V1 分别为 55V、110V 时，验证齐次定理。

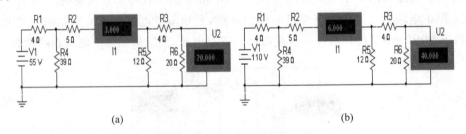

图 7.2.7　齐次定理的验证电路

解：从图中的电流表和电压表读数可以看出，支路上的电压、电流与电源电压呈线性关系。

7.2.5　替代定理

例 7.12　电路如图 7.2.8 所示，已求得 U3＝8V，I3＝1A。用替代定理求 I1、I2 和电阻 R2 两端的电压。

解：根据替代定理，若 R2 右侧两端网络用 8V 的电压源替换，仿真结果如图 7.2.9 中电流表和电压表的读数；若用 1A 的电流源替代，仿真结果如图 7.2.10 中电流表和电压表的读数。可见，电路其他各处的电压、电流均保持不变。I1＝2A，I2＝1A，R2 两端的电压为 8V。

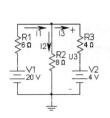 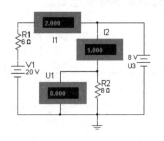 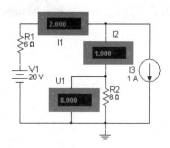

图 7.2.8 替代定理验证电路　　图 7.2.9 电压源的替代电路　　图 7.2.10 电流源的替代电路

7.2.6 戴维宁及诺顿定理

例 7.13　电路如图 7.2.11 所示，已知 $I_s=1A$。求单口网络的戴维宁及诺顿等效电路。

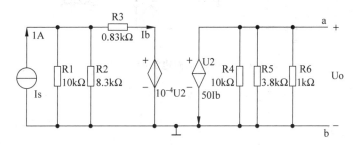

图 7.2.11　单口网络的电路图

解：按图 7.2.11 所示创建电路。

① 求戴维宁定理的开路电压 U_{oc}。如图 7.2.12 所示测开路电压，电压表的读数即为开路电压的值为 $-31.024kV$。

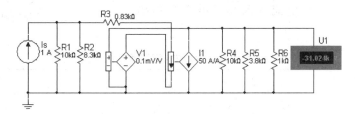

图 7.2.12　求开路电压的仿真电路

② 测量戴维宁等效电阻 R_o，如图 7.2.13 所示，先对电路进行除源，即电路中的所有电流源开路、电压源短路。得到无源单口网络，在端口处接一个数字万用表，用其欧姆档来测量等效电阻。图中数字万用表的读数即为等效电阻的值为 734.093Ω。

求出开路电压和等效电阻就可以得到戴维宁的等效电路。

③ 求诺顿定理的短路电流 I。首先把端口 ab 两端短接，则电阻 R4、R5、R6 被短路，如图 7.2.14 所示测短路电流，电流表的读数即为短路电流的值为 $-42.265A$。

诺顿定理的等效电阻的求法与戴维宁定理等效电阻的求法一样，值都为 734.093Ω。求出了短路电流和等效电阻就可以得到诺顿等效电路。

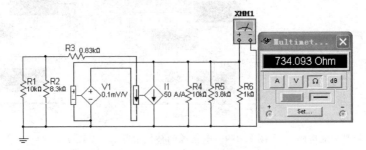

图 7.2.13　求等效电阻的仿真电路

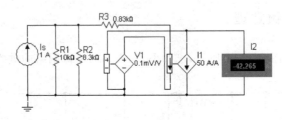

图 7.2.14　求短路电流的仿真电路

7.2.7 特勒根定理

例 7.14　电路如图 7.2.15 所示,试利用特勒根定理求各支路电流和电压,并验证特勒根定理。

解：如图 7.2.15 所示电路,可求出流过电阻 R1、R2、R3 的电流分别为：I1＝2A,I2＝1A,I3＝1A。

电阻 R1、R2、R3 和电流源两端的电压和功率见表 7.1。

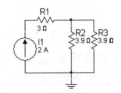

图 7.2.15　验证特勒根定理原理图

表 7.1　电阻 **R1**、**R2**、**R3** 和电流源两端的电压和功率

电压	U1＝6V	U2＝3.9V	U3＝3.9V	U4＝9.9V
功率	P1＝12W(吸收功率)	P2＝3.9W(吸收功率)	P3＝3.9W(吸收功率)	P4＝－19.8W(发送功率)

由此可见,P1＋P2＋P3＋P4＝0,与仿真结果如图 7.2.16 所示相同。

7.2.8 互易定理

例 7.15　电路如图 7.2.17 和图 7.2.18 所示,交换电流表与电压源的位置验证互易定理。

解：创建电路图,互易前如图 7.2.17 所示电流表的读数为 1.5A,互易后如图 7.2.18 所示电流表的读数为 1.5A,以此验证了互易定理。

注意：以上所用的电流表和电压表的值都是直流量。

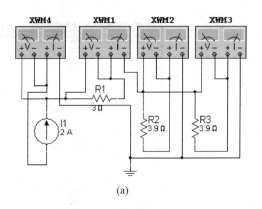

(a)

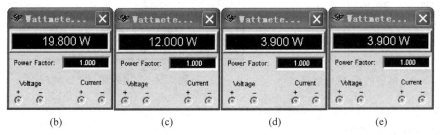

图 7.2.16 验证特勒根定理的仿真电路及结果

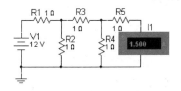 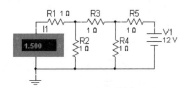

图 7.2.17 互易前的仿真电路　　　图 7.2.18 互易后的仿真电路

7.3 动 态 电 路

在电路中不仅包含电阻元件和电源元件,还包含储能元件电容和电感元件。这两种元件的电压和电流的约束关系是通过导数(或积分)表达的,所以称为动态元件。当电路中含有电容和电感时,电路方程是以电流和电压为变量的微分方程或微分-积分方程。

7.3.1 电容器充电和放电

例 7.16 电路如图 7.3.1 所示,当开关 J1 反复打开和闭合时,试用示波器观察电容两端的电压波形。

解: 当开关 J1 闭合时,电容通过 R1 充电;当开关 J1 打开时,电容通过 R2 放电,电容器的充、放电时间一般为 4τ。将开关 J1 反复打开和闭合时,用示波器观察电容两端的电压波形如图 7.3.2 所示。

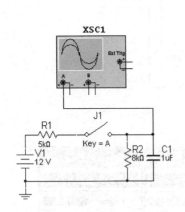
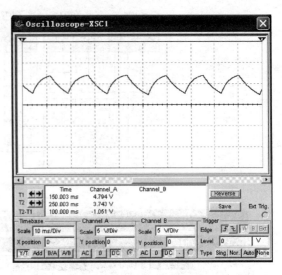

图 7.3.1 电容的充、放电电路　　　　图 7.3.2 电容两端电压波形

例 7.17　电路如图 7.3.3 所示,应用延时开关,用示波器观察电容的充放电波形。

解：此题注意延时开关的使用方法,按图 7.3.3 所示创建电路,双击延时开关设置参数,如图 7.3.4 所示,单击 Value 选项卡设置参数：

① Time On(TON)：激活电路的时刻。此题设置为 0.005s,即在 0.005s 时开关从位置 1 变为位置 3。

② Time Off(TOFF)：关闭电路时刻。此题设置为 0.015s,即在 0.015s 时开关从位置 3 变为位置 1。电容两端电压波如图 7.3.5 所示。

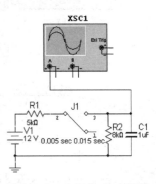

图 7.3.3 电容充、放电电路

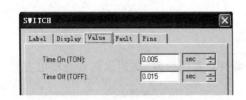
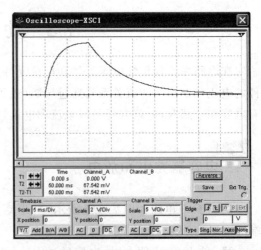

图 7.3.4 延时开关参数设置　　　　图 7.3.5 电容两端电压波形

7.3.2 电感器充电和放电

例 7.18 电路如图 7.3.6 所示,当开关 J1 反复打开和闭合时,试用示波器观察电感两端的电压波形。

解:当开关 J1 闭合时,电感通过 R1 充电;当开关 J1 打开时,电感通过 R2 放电。将开关 J1 反复打开和闭合时,用示波器观察电感两端的电压波形如图 7.3.7 所示。

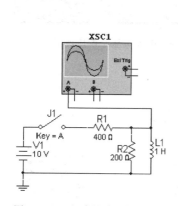

图 7.3.6 电感的充、放电电路

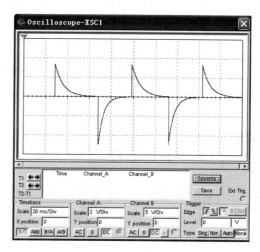

图 7.3.7 电感两端电压波形

7.3.3 一阶 RC 电路的响应

一阶电路仅有一个动态元件(电容或电感),在电路中产生的响应有零输入响应、零状态响应和全响应 3 种。其中:

(1) 在图 7.3.8 所示的电路中电容充电后,储存有能量时把开关 J1 打开时,电容放电,在电路中产生的响应,即零输入响应。

(2) 在图 7.3.8 所示的电路中,若电容的初始储能为零,当开关 J1 闭合时,电容充电,在电路中产生的响应,即零状态响应。

(3) 全响应是非零初始状态的电路受到激励时电路的响应。对于线性电路,全响应是零输入响应和零状态响应之和。

例 7.19 如图 7.3.8 所示,开关长期合在位置 1 上,如在 $t=0$ 时把它合到位置 2 后,观察电容电压全响应波形。

解:按图 7.3.8 所示创建电路,进行仿真,电容电压全响应波形如图 7.3.9 所示。由于开关由位置 1 变为位置 2 之前,电路已处于稳定状态,电容已储能,其两端电压为 1.5V。所以换路后电压波形不是从 0V 开始而是从 1.5V 开始,这也是此电路电容电压全响应波形与零状态响应波形的区别。

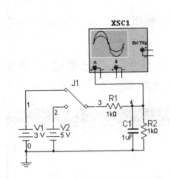

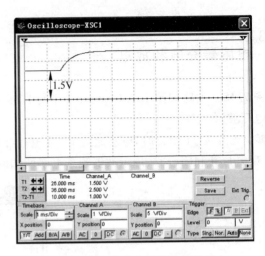

图 7.3.8　电容电压全响应电路图　　　图 7.3.9　电容电压全响应波形

7.3.4　一阶 RL 电路的响应

一阶 RL 电路的零输入和零状态响应与一阶 RC 电路相似,在图中电感充电的过程是零状态响应,而电感放电的过程是零输入响应。下面介绍一阶 RL 电路的全响应。

例 7.20　如图 7.3.10 所示电路中,开关闭合前电路已处于稳态。观察将开关闭合后电感电压全响应波形。

解:按图 7.3.10 所示创建电路,进行仿真电感电压全响应波形如图 7.3.11 所示。

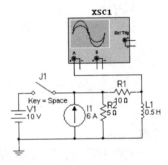

图 7.3.10　电感电压全响应电路图

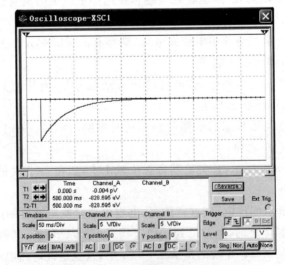

图 7.3.11　电感电压全响应波形

7.3.5 微分电路和积分电路

本节所介绍的微分电路和积分电路是指电容元件充放电的 RC 电路,但与前面所介绍的电路不同,这里是矩形脉冲激励,并且可以选取不同的电路的时间常数而构成输出电压波形和输入电压波形之间的特定(微分或积分)的关系。

例 7.21 电路如图 7.3.12 所示的微分电路,试用示波器观察微分电路的输入电压和输出电压的波形。

解:当一阶电路的时间常数选取足够小时,输出与输入之间呈现微分关系。按图 7.3.12 所示创建电路,信号源为函数信号发生器,其参数设置如图 7.3.13 所示,微分电路的输入电压和输出电压的波形如图 7.3.14 所示。

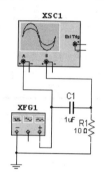
图 7.3.12 微分电路

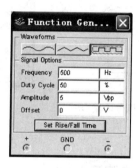
图 7.3.13 函数信号发生器参数设置

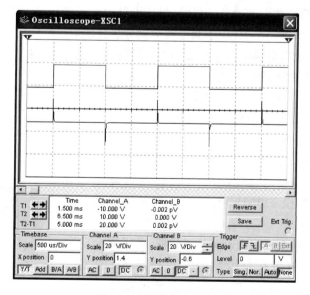
图 7.3.14 微分波形图

例 7.22 电路如图 7.3.15 所示的积分电路,试用示波器观察积分电路的输入电压和输出电压的波形。

解：当一阶电路的时间常数选取足够大时，输出与输入之间呈现积分关系。按图 7.3.15 所示创建电路，信号源为函数信号发生器，其参数设置同微分电路的设置，积分电路的输入电压和输出电压的波形如图 7.3.16 所示。

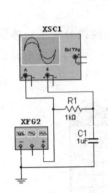

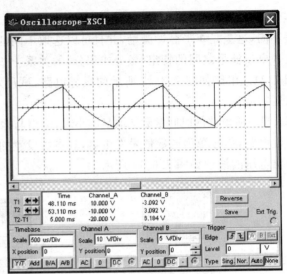

图 7.3.15　积分电路　　　　　　　　图 7.3.16　积分波形图

7.3.6　二阶电路的响应

当电路中含有两个独立的动态元件时，描述电路的方程就是二阶常系数微分方程，二阶电路的组合形式很多，以一个 RLC 串联电路为例分析其响应。

例 7.23　RLC 串联电路电源电压为 10V，用开关控制电路。判断以下三种情况的状态（过阻尼、临界阻尼和欠阻尼）：

① R1＝100Ω，L1＝0.1H，C1＝0.01F；

② R1＝6.325Ω，L1＝0.1H，C1＝0.01F；

③ R1＝1Ω，L1＝0.1H，C1＝0.01F。

解：① 当 R1＝100Ω，L1＝0.1H，C1＝0.01F 时，有以下两种方法。

方法 1：根据题意创建电路如图 7.3.17 所示，观察电容两端电压波形如图 7.3.18 所示，可以判断电路处于过阻尼状态。

方法 2：用 Analysis 中的 Transient 分析，设置参数如图 7.3.19 所示，选择节点 4 为分析节点。仿真得到的电容电压波形图如图 7.3.20 所示，可以判断电路处于过阻尼状态。

② 当 R1＝6.325Ω，L1＝0.1H，C1＝0.01F 时，有以下两种方法。

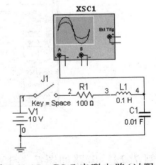

图 7.3.17　RLC 串联电路（过阻尼）

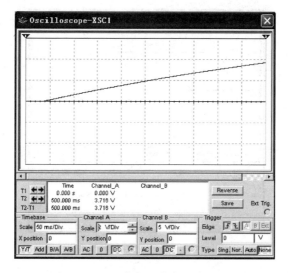

图 7.3.18　电容电压波形图(过阻尼)

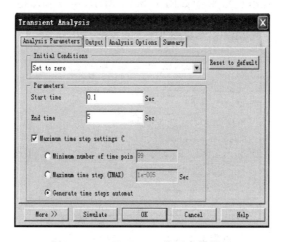

图 7.3.19　Transient 分析参数设置

方法 1：根据题意创建电路如图 7.3.21 所示，观察电容两端电压波形如图 7.3.22 所示，可以判断电路处于临界阻尼状态。

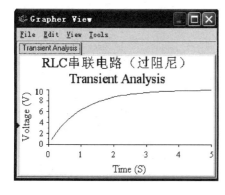

图 7.3.20　节点 4 电压波形图(过阻尼)

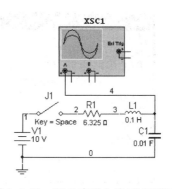

图 7.3.21　RLC 串联电路(临界阻尼)

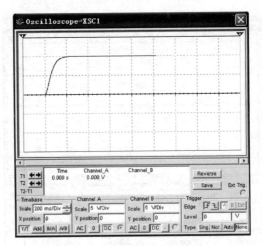

图 7.3.22 电容电压波形图(临界阻尼)

方法 2：用 Analysis 中的 Transient 分析，设置参数如图 7.3.23 所示，选择节点 4 为分析节点。仿真得到的电容电压波形图如图 7.3.24 所示，可以判断电路处于临界阻尼状态。

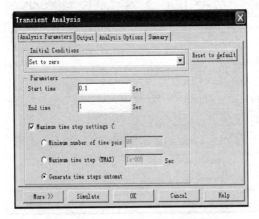

图 7.3.23 Transient 分析参数设置

③ 当 $R_1=1\Omega$，$L_1=0.1H$，$C_1=0.01F$ 时，有以下两种方法。

方法 1：根据题意创建电路如图 7.3.25 所示，观察电容两端电压波形如图 7.3.26 所示，可以判断电路处于欠阻尼状态。

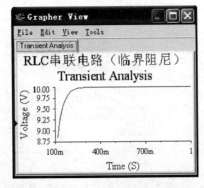

图 7.3.24 节点 4 电压波形图(临界阻尼)

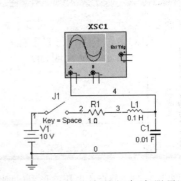

图 7.3.25 RLC 串联电路(欠阻尼)

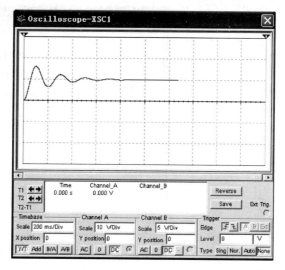

图 7.3.26 电容电压波形图(欠阻尼)

方法 2：用 Analysis 中的 Transient 分析,设置参数如图 7.3.27 所示,选择节点 4 为分析节点。仿真得到的电容电压波形图如图 7.3.28 所示,可以判断电路处于欠阻尼状态。

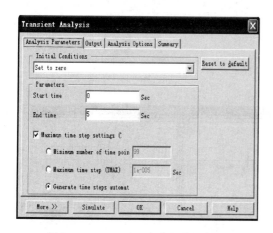

图 7.3.27　Transient 分析参数设置

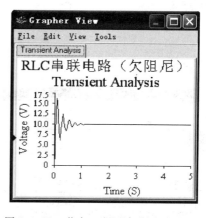

图 7.3.28　节点 4 电压波形图(欠阻尼)

例 7.24　电路如图 7.3.29 所示,试用 Multisim 9 仿真该电路的响应。

解：按图 7.3.29 所示创建电路,信号源为函数信号发生器,输出频率为 1kHz 的方波信号。其响应为 RLC 串联电路全响应。用示波器观察该电路的输入、输出信号如图 7.3.30 所示。

例 7.25　研究二阶 RLC 串联电路的响应与状态轨迹。

解：按图 7.3.31 所示创建电路,图中函数信号发生器输出方波信号,$f=600\text{Hz}$。用示波器观测电容两端电压,通过键盘上的 A 键,可以实时改变可调电阻 R1 值,研究其过阻尼(见图 7.3.32(a))、临界阻尼(见图 7.3.32(b))和欠阻尼(见图 7.3.32(c))三种状态下的响应曲线。

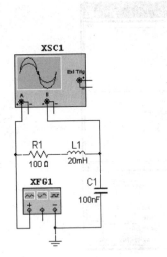
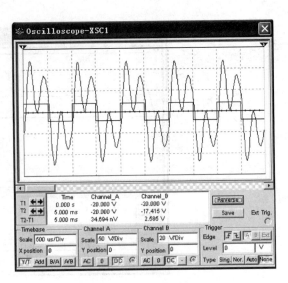

图7.3.29　RLC串联电路(全响应)　　　　图7.3.30　全响应波形图

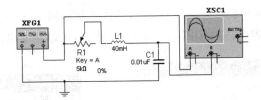

图7.3.31　二阶 RLC 串联电路响应的原理图

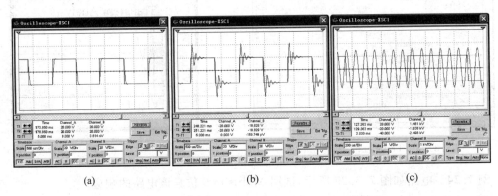

(a)　　　　　　　　　　　(b)　　　　　　　　　　　(c)

图7.3.32　二阶 RLC 串联电路三种状态的响应曲线

　　按图7.3.33所示创建电路,图中函数信号发生器输出方波信号,$f=600\text{Hz}$。为了观测该电路的状态轨迹,示波器置于双踪工作方式,将电容两端电压送入示波器的 A 端子,电感电流送入示波器的 B 端子,则从屏幕上就可以显示出其状态轨迹,原理与显示李萨育图形一样。为获得电感电流,加接了取样电阻 R3,将电流量转变为成正比的电压量。由于电阻 R3 引进,电容电压值比实际值偏大,但由于电容的阻抗 $Z_C \gg R3$,所以电阻 R3 带来的影响可以忽略不计。改变可调电阻 R2 值,便可观察振荡与非振荡情况下的状态轨迹,过阻尼、临界阻尼和欠阻尼状态分别如图7.3.34(a)~(c)所示。

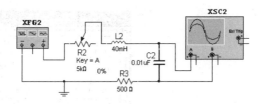

图 7.3.33　研究二阶 RLC 串联电路状态轨迹的原理图

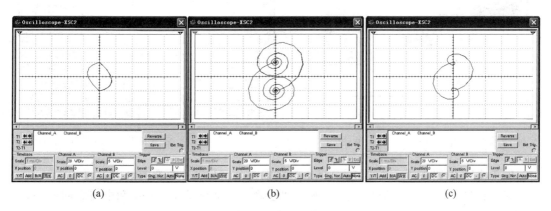

图 7.3.34　二阶 RLC 串联电路三种状态的状态轨迹

7.4　交流电路的分析

分析与计算正弦交流电路，主要是确定不同参数和不同结构的各种正弦交流电路中电压与电流之间的关系和功率。

7.4.1　交流电路的基本定理

正弦交流电路中，欧姆定律、KCL 和 KVL 适用于所有瞬时值和相量形式。在这节中需要双击电流表或电压表改变 Value 选项卡中 Mode 为 AC（交流）模式，即电流表为交流电流表，测的值为交流电流的有效值；电压表为交流电压表，测的值为交流电压的有效值。

1. 欧姆定律的相量形式

例 7.26　电路如图 7.4.1 所示，试求电路中的电流和电感两端的电压。

解：如图 7.4.1 所示的电路中，欧姆定律确定了电感元件的电压和电流之间的关系。此仿真结果如图 7.4.2 所示，电感上电压相位超前电流 90°。

注意：示波器显示的波形分别是电感和电阻两端的电压波形，由于电阻两端的电压与流过的电流同相位，讨论相位关系时，可使用电阻两端的电压形象地说明流过电流波形的相位关系。

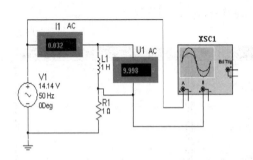
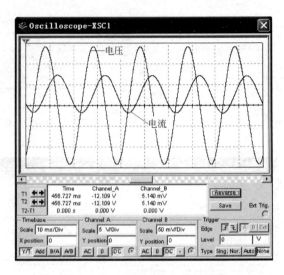

图 7.4.1　电阻与电感串联的电路　　　　图 7.4.2　电感电压、电流波形图

例 7.27　电路如图 7.4.3 所示,试求电路中的电流和电容两端的电压。

解：如图 7.4.3 所示的电路中,欧姆定律也确定了电容元件的电压和电流之间的关系。仿真结果如图 7.4.4 所示,电容上电流相位超前电压 90°。

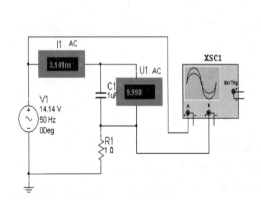
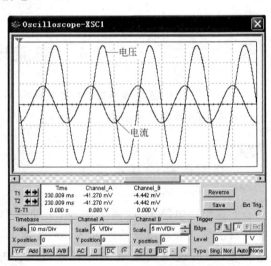

图 7.4.3　电阻与电容串联的电路　　　　图 7.4.4　电容电压、电流波形图

2. 交流电路的基尔霍夫定律

例 7.28　电路如图 7.4.5 所示,试求流过电压源 V1 的电流 I(验证交流电路的基尔霍夫电流定律)。

解：在应用交流电路的基尔霍夫电流定律时,电流必须使用相量相加。按图 7.4.5 所示创建电路,理论计算 $I=\sqrt{I2^2+(I3-I4)^2}=0.022A$,如图 7.4.5 所示,仿真结果与理论值相同。

同理,可自行创建电路验证交流电路的基尔霍夫电压定律。

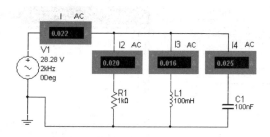

图 7.4.5 交流电路的 KCL 的验证电路

7.4.2 交流电路的分析方法

交流电路的分析方法大致有两种：用波特仪分析和用分析功能分析。

例 7.29 电路如图 7.4.6 所示。已知 $I_1 = 10\sqrt{2}\sin10^5 t\text{A}, R = 8\Omega, C = 0.625\mu\text{F}, L = 80\mu\text{H}$，求电阻消耗的功率，电感两端的电压 u_L。

解：由题意可计算出 I_1 的频率为 $f = \dfrac{\omega}{2\pi} = \dfrac{100000}{2\pi}\text{Hz} = 15.92\text{kHz}$，设定电流源的频率为 15.92kHz，初相角为 0°。按图 7.4.6 所示创建电路，先求出流过电阻的电流。将电流表、波特仪按图接好，在控制面板上，选择水平初值 I 为 15.5kHz，水平终值 F 为 16.5kHz。单击 Phase，启动 [图标] 按钮，就得到相频特性，调节游标的水平位置为输入电压的频率 15.92kHz，垂直数值就是所求数值，如图 7.4.7 所示。

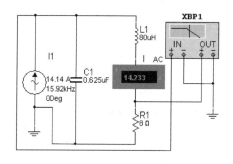

图 7.4.6 求电流原理图

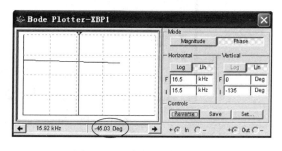

图 7.4.7 求电流的相位角

求得 $\dot{I}_L \approx 14.23\angle -45°\text{A}$，电阻消耗的功率为 $P = I_L^2 R = 14.23^2 \times 8\text{W} = 1.6\text{kW}$。

按图 7.4.8 所示接好电路。因为波特仪只能显示电压量的相位，应将原图中的电感 L 与电阻 R 互换。仿真结果如图 7.4.9 所示，用上面同样的办法求得 $\dot{U}_L \approx 115.4\angle 45°\text{V}$。

此题是采用波特仪分析交流电路参数，还可以用分析功能分析交流电路幅频特性和相频特性。

例 7.30 电路如图 7.4.10 所示，做出该电路的幅频特性和相频特性。

解：按图 7.4.10 所示创建电路，并设定好节点。执行 Simulate → Analyses → AC Analysis 命令。设定 AC Analysis 分析的参数如图 7.4.11 所示，选定节点 2 为分析节点，进行仿真得到节点 2 的幅频特性和相频特性如图 7.4.12 所示。可见该电路是一个高通电路。

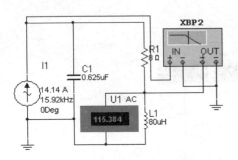
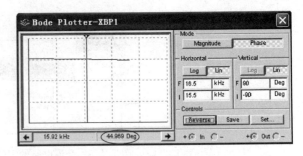

图 7.4.8 求电压原理图　　　　　图 7.4.9 求电压的相位角

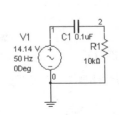
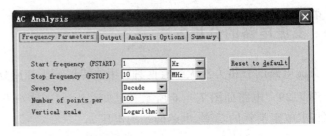

图 7.4.10 电路原理图　　　图 7.4.11 AC Analysis 分析参数设置

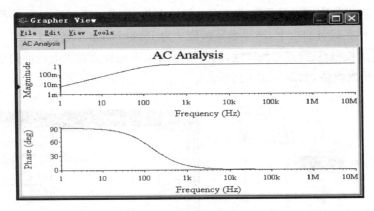

图 7.4.12 节点 2 的幅频特性和相频特性

例 7.31 电路如图 7.4.13 所示。做出该电路的幅频特性和相频特性。

解：按图 7.4.13 所示创建电路，并设定好节点。执行 Simulate→Analyses→AC Analysis 命令。设定 AC Analysis 分析的参数，选定节点 2 为分析节点，进行仿真得到节点 2 的幅频特性和相频特性如图 7.4.14 所示。可见该电路是一个低通电路。

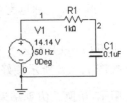

图 7.4.13 电路原理图

例 7.32 分析带通滤波电路(文氏电路)图 7.4.15 所示的频率特性。

解：按图 7.4.15 所示创建电路，并设定好节点。执行 Simulate→Analyses→AC Analysis 命令。设定 AC Analysis 分析的参数如图 7.4.16 所示，选定节点 3 为分析节点，进行仿真得到节点 3 的幅频特性和相频特性如图 7.4.17 所示。

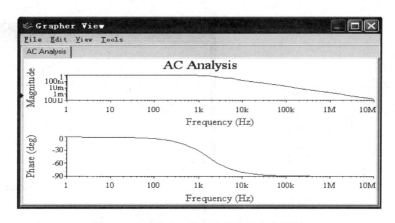

图 7.4.14　节点 2 的幅频特性和相频特性

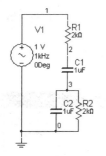

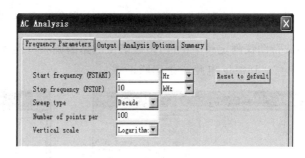

图 7.4.15　电路原理图　　　　图 7.4.16　AC Analysis 分析参数的设置

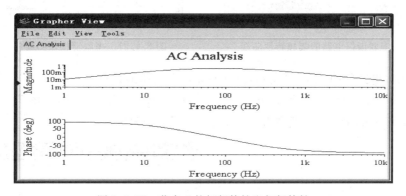

图 7.4.17　节点 3 的幅频特性和相频特性

7.4.3　谐振电路

　　谐振现象是交流电路的一种特定的工作状态。谐振电路通常由电感、电容和电阻组成。按照电路的组成形式可分为串联谐振电路和并联谐振电路。

　　例 7.33　电路如图 7.4.18 所示,验证串联谐振电路的特点。

　　解:用示波器观察 LC 串联谐振电路外加电压与谐振电流的波形,如图 7.4.19 所示外加电压与谐振电流同相位,电路发生串联谐振,电路呈纯阻性。

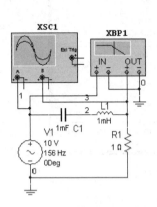

图 7.4.18 串联谐振电路

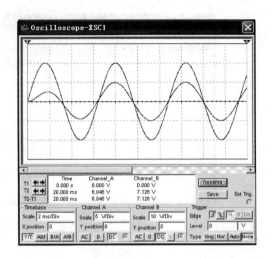

图 7.4.19 串联谐振电路的电压、电流波形

用波特图仪测定频率特性,串联谐振电路的幅频特性和相频特性如图 7.4.20 和图 7.4.21 所示,当 $f_0=160\text{Hz}$ 电路发生串联谐振。

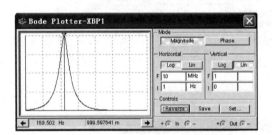

图 7.4.20 串联谐振电路的幅频特性曲线

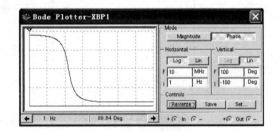

图 7.4.21 串联谐振电路的相频特性曲线

例 7.34 电路如图 7.4.22 所示,验证并联谐振电路的特点。

解:用示波器观察 LC 并联谐振电路外加电压与谐振电流的波形,如图 7.4.23 所示外加电压与谐振电流同相位,电路发生并联谐振,电路呈纯阻性。

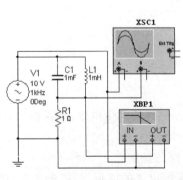

图 7.4.22 并联谐振电路

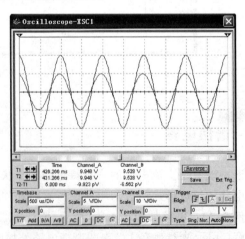

图 7.4.23 并联谐振电路的电压、电流波形

用波特图仪测定频率特性,并联谐振电路的幅频特性和相频特性如图 7.4.24 和图 7.4.25 所示,当 $f_0=156\text{Hz}$ 电路发生并联谐振。

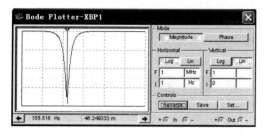
图 7.4.24　并联谐振电路的幅频特性曲线

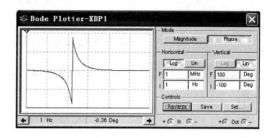
图 7.4.25　并联谐振电路的相频特性曲线

7.4.4　交流电路的功率及功率因数

交流电路的功率与直流电路的不同,交流电路功率 $P=UI\cos\varphi$。$\cos\varphi$ 是电路的功率因数,φ 是电压与电流间的相位差。

例 7.35　电路如图 7.4.26 所示,已知:$\dot{U}=28.2\angle 0°\text{V}$,$R=10\Omega$,$X_C=X_L=10\Omega$,电源的频率为 50Hz,初始相位为 $0°$。求:

(1) 电路的平均功率 P,无功功率 Q,视在功率 S 和功率因数是多少?
(2) 要想使功率因数提高到 0.95,电容应为多大?

解:① 将 X_L 换成等效电感,则

$$L=\frac{X_L}{\omega}=\frac{10}{2\pi\times 50}\text{H}\approx 31.8\text{mH}$$

将 X_C 换成等效电容,则

$$C=\frac{1}{\omega X_C}=\frac{1}{2\pi\times 50\times 10}\text{F}\approx 31.8\mu\text{F}$$

在图中串联一个 0.01Ω 的电阻。按图 7.4.27 接好电路,测量流过电路的电流。仿真结果如图 7.4.28 所示,求得 $\dot{I}\approx 2\angle 45°\text{A}$。

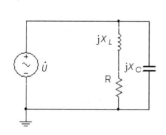
图 7.4.26　交流电路测试原理图

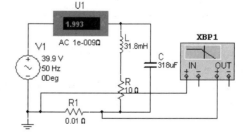
图 7.4.27　并联 $318\mu\text{F}$ 电容的电路原理图

电路的有功功率:$P=UI\cos(\varphi_u-\varphi_i)=28.2\times 2\times\cos(-45°)\text{W}=40\text{W}$
电路的无功功率:$Q=UI\sin(\varphi_u-\varphi_i)=28.2\times 2\times\sin(-45°)\text{var}=-40\text{var}$
电路的视在功率:$S=UI=28.2\times 2\text{V}\cdot\text{A}=56.4\text{V}\cdot\text{A}$

功率因数：$\cos\varphi = \cos(\varphi_u - \varphi_i) = \cos(-45°) = 0.707$

② 要提高功率因数，减少 $\dot{U}$ 与 $\dot{I}$ 之间的夹角 φ。

$\arccos 0.95 = \pm 18.19°$，将图 7.4.21 中的电容换为 $318\mu F$ 的可变电容，可变电容的设置如图 7.4.29 所示。因为原电路是电容性的，应降低电容 C 的数值，$\pm 18.19°$ 均符合条件。

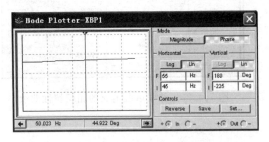

图 7.4.28　测量电流相位的仿真结果

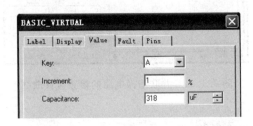

图 7.4.29　可变电容的设置

提高功率因数为 0.95 的原理图如图 7.4.30(a) 和图 7.4.31(a) 所示，接好电路后，按 Shift＋A 键或 A 键逐渐减小或增大 C 的数值。得到的仿真结果如图 7.4.30(b) 和图 7.4.31(b) 所示。

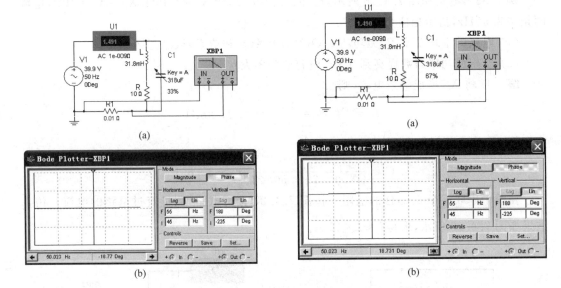

图 7.4.30　电流滞后于电压 −18.77°　　　图 7.4.31　电流超前于电压 18.77°

并联的电容为：$C = 318 \times 0.33 \mu F = 105 \mu F$（总阻抗为电感性，电流滞后于电压 −18.77°）

并联的电容为：$C = 318 \times 0.67 \mu F = 213 \mu F$（总阻抗为电容性，电流超前于电压 18.77°）

7.4.5　三相交流电路

三相交流电是指 3 个幅值相等、频率相同、彼此的相位相差 120° 的电动势。3 个电压的连接可以有两种，即 Y 形联结和 △ 形联结，常用的是 Y 形联结。三相负载的连接也可以有两种,即 Y 形联结和 △ 形联结。三相交流电路有三相四线制和三相三线制两种结构。

例 7.36 验证三相四线制 Y 形对称负载工作方式的特点。

解:按图 7.4.32 所示创建电路,用电流表观测相(线)电流、中线电流,电压表观测线电压。示波器观察 b 相、c 相电压波形如图 7.4.33 所示。

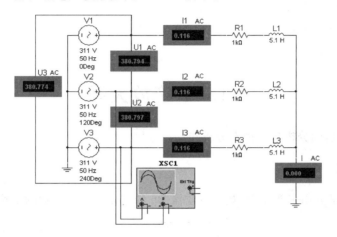

图 7.4.32 三相四线制 Y 形对称负载电路

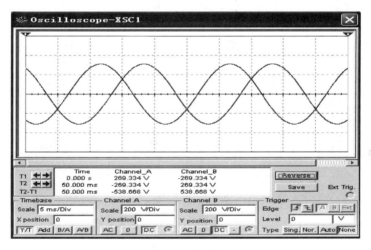

图 7.4.33 电源电压波形

当负载完全对称时,中线电流为零,三相负载中点与地断开,三相电流将不发生任何变换,这说明了在负载完全对称的情况下,三相四线制和三相三线制是等效的。

第8章 Multisim 9在模拟电路中的应用

8.1 单管放大器

对单管放大器的分析包括静态分析和动态分析。

1. 静态分析

例 8.1 测量静态工作点,并观察电位器 Rp 的变化对静态参数的影响。

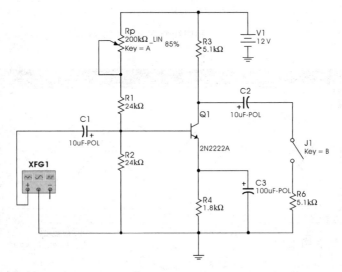

图 8.1.1 单管分压式偏置放大电路

解:电路如图 8.1.1 所示,静态分析要测量的值包括 I_B、I_C、U_{CE}。

(1) 测量 I_B、I_C 的值,用数字万用表直接测量即可,如图 8.1.2 所示,得 I_C = 1.554mA,同样方法可测得 I_B 的值。

(2) 测量 U_{CE} 的值:电路如图 8.1.3 所示,测得 U_{CE} = 1.254V。

2. 动态分析

动态分析主要包括:

(1) 计算放大器的电压放大倍数(用示波器观察输入、输出电压波形)。

(2) 测量电路的幅频特性,求出上下限频率 f_H、f_L。

(3) 测量电路的失真度,比较其电位关系。

(4) 测量输入电阻和输出电阻。

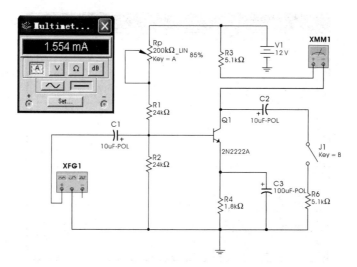

图 8.1.2　直接测量 I_C

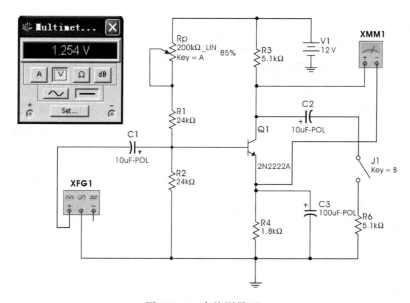

图 8.1.3　直接测量 U_{CE}

例 8.2　计算放大器的电压放大倍数。

解：① 信号源的设置　双击 XFG1 图标，出现如图 8.1.4 所示界面，设置交流信号，频率为 1kHz，幅度为 3mV。

② 运行仿真　双击 XSC1 图标，出现如图 8.1.5 所示界面，调整 "Channel" A、B 的 Scale（A 为 5mV/Div，B 为 200mV/Div），使波形有一定的幅度，调整 Timebase 的 Scale（500μs/Div），使波形便于观察。调整 Rp，使输出波形幅度最大，且不失真，反复调整，直到最佳。

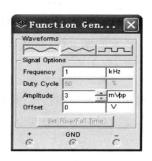

图 8.1.4　设置交流信号界面

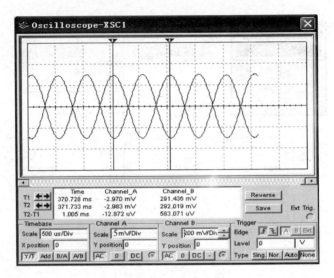

图 8.1.5 波形分析

Rp 调整的方法：单击选中 Rp，按键盘上的 A 键，百分数增大，按住 Shift＋A 键，电阻百分数减小（A 为控制键，双击 Rp，可修改其控制键、标号、递增值等），调整最好在停止仿真时进行，调整后再运行仿真。反复调整，直到波形幅度最大，且不失真。

从图 8.1.5 中可获得一些数据信息，如分别移动 1 号指针和 2 号指针到图 8.1.5 中所示的位置，可以看到 T1 行（或 T2 行）的有关数据，参看图 8.1.5 可知，A 通道测试值为输入信号的幅度（－2.970mV），B 通道测试输出信号的幅度（291.436mV）。可用这组数参数计算放大器的放大倍数：

$$A_V = 20\lg \frac{U_o}{U_i} = 43.826 \text{dB}$$

从图 8.15 中再看 T2－T1 的 Time 值，这是波形的两个相邻的同相点间的时间差（信号的周期），用它可计算信号的周期和频率，图中周期：

$$T = 1\text{ms}, \quad f = \frac{1}{T} = 1\text{kHz}$$

由此看出，测量值与信号源的设置值是一致的。

例 8.3 测量电路的幅频特性。

解：用波特图仪测试电路的幅频特性曲线非常方便，连接方法如图 8.1.6 所示，可改变波特图仪右边的 F、I 值调整波特图的幅度和形状。

移动测试指针，如图 8.1.7 所示，可测放大器的放大倍数：

$$A_V = 20\lg \frac{U_o}{U_i} = 43.825 \text{dB}$$

根据频带宽度的测试原理，移动测试指针，使幅度值下降 3dB，如图 8.1.8 所示。

此时的频率值分别为：

$$f_L = 58.836 \text{Hz}, \quad f_H = 2.881 \text{MHz}$$

那么放大器的频带宽度为

$$f_w = f_H - f_L = 2.881 \text{MHz}$$

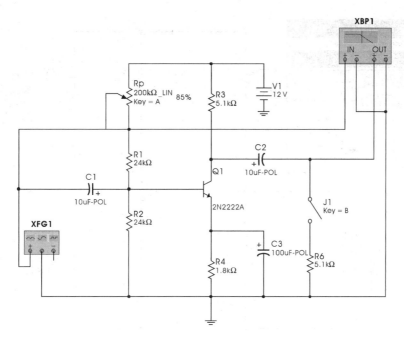

图 8.1.6 波特图仪连接方法

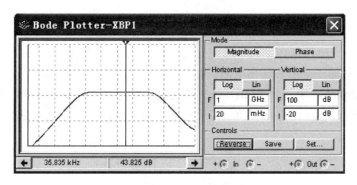

图 8.1.7 测试指针在波特图仪的最佳放大区

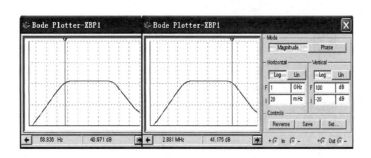

图 8.1.8 测试指针在波特图的半功率点

例 8.4 测量电路的失真度。

解：可以用失真度测量仪直接测量，如图 8.1.9 所示，测得电路的失真度为 0.304%。

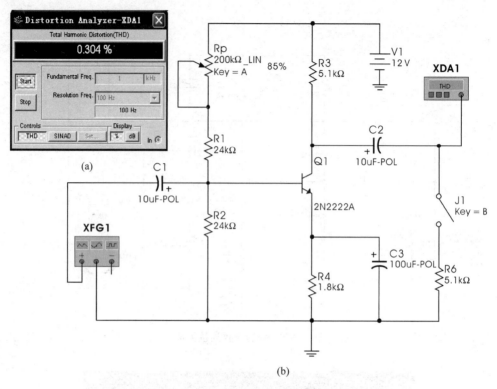

图 8.1.9 失真度测量仪的连接与测量

例 8.5 测量输入电阻和输出电阻。

解：① 测量输入电阻。用 Multisim 9 的电流表和电压表测量 R_i。可以通过放大器等效电阻的定义进行测量，电路如图 8.1.10 所示。输入电流与电压的读数分别如图 8.1.11 和图 8.1.12 所示。

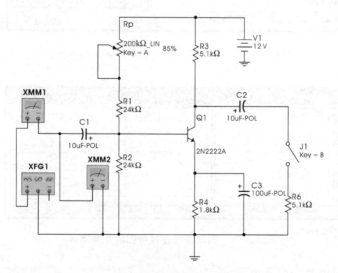

图 8.1.10 用电流表和电压表测量 R_i

图 8.1.11　输入电流的读数　　　图 8.1.12　输入电压的读数

② 测量输出电阻。如图 8.1.13 所示,在负载电阻 R6 接上时进行仿真,得到 U_L 值为 208.579mV,断开 R6 后运行仿真,得到 U_0 值为 327.819mV。则输出电阻为

$$R_0 = \left(\frac{U_0}{U_L} - 1\right) \times R_L = \left(\frac{327.819}{208.579} - 1\right) \times 5.1 = 2.92\text{k}\Omega$$

R6 接上与断开的电压值分别如图 8.1.14 和图 8.1.15 所示。

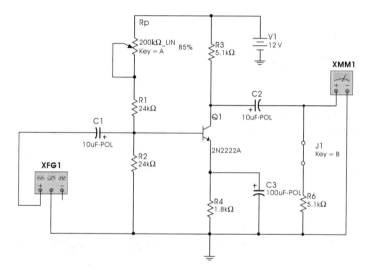

图 8.1.13　替代法计算 R_0

图 8.1.14　R6 接上时,测得的电压值　　　图 8.1.15　R6 断开时,测得的电压值

8.2　射极跟随器

射极跟随器是一种电流放大器,其电压放大系数小于等于 1,有输出阻抗小、高频特性好、带负载能力强的特点。射极跟随器电路如图 8.2.1 所示。

例 8.6　(1) 设置信号频率为 1kHz,$U_i = 100$mV 的正弦波,进行仿真。

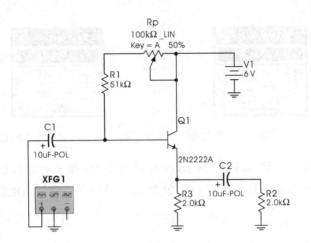

图 8.2.1 射极跟随器电路图

调整 Rp，观察 Q1 发射极电压的变化，分析射极跟随器的特点。

（2）观察负载电阻 R2 接入与断开时的输出波形。

（3）频率不变，有负载，增加信号幅度，直到输出信号出现失真，记录信号幅度、输出信号 V_{pp}，分析结果。

（4）测量放大器的输入输出电阻。

（5）测试放大器的幅频特性曲线。

解：（1）信号的设置同上例，这里不再赘述。调整 R_P，观察 Q1 发射极电压的变化，从数字万用表的读数和波形图上可以看到，输出电压总是随着输入电压的变化而改变，如图 8.2.2 所示。

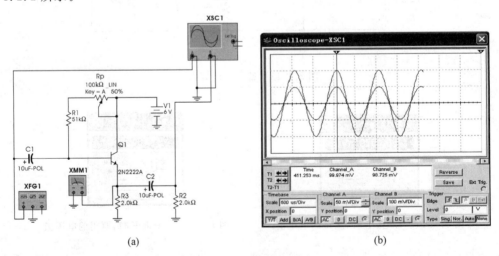

(a)　　　　　　　　　　　(b)

图 8.2.2　调整 R_P，观察 Q1 端电压的变化

（2）观察负载电阻 R2 接入与断开时的输出波形，如图 8.2.3 和图 8.2.4 所示。

（3）请读者自己分析。

（4）方法同上例。

（5）测试放大器的幅频特性曲线（见图 8.2.5）。

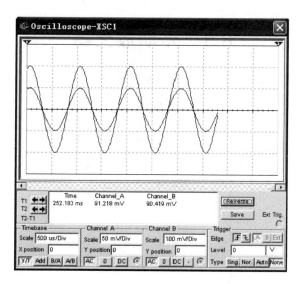

图 8.2.3 负载电阻 R2 接入时的波形

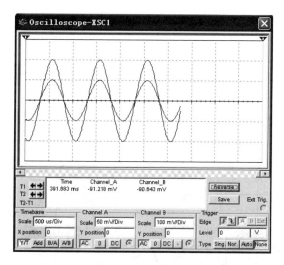

图 8.2.4 负载电阻 R2 断开时的波形

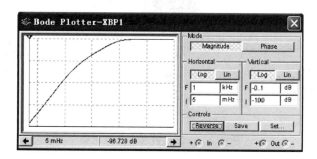

图 8.2.5 射极跟随器的幅频特性曲线

8.3　差动放大器

例 8.7　电路如图 8.3.1 所示，该电路为长尾式差动放大电路，分析其静、动态特性。

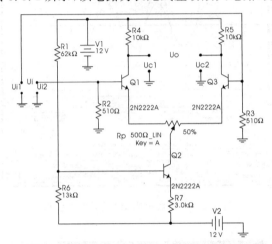

图 8.3.1　差动放大器电路图

解：分析的过程如下。

（1）测量静态工作点。测量静态工作点时需将输入信号短路，如图 8.3.2 所示，测得 $I_E=1.153\text{mA}, U_{CE}=6.875\text{V}$。

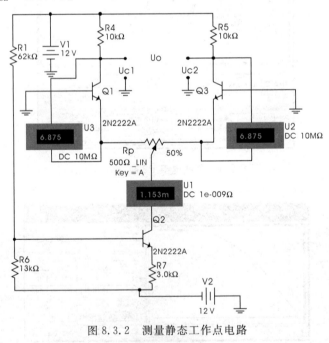

图 8.3.2　测量静态工作点电路

（2）双端输入：调出一电压为 0.1V 的直流信号，"＋"接 U_{i1}，"－"接 U_{i2}，分析 U_{C1} 和 U_{C2} 以及 U_o，分别计算差模放大倍数（即单端输出和双端输出）。

（3）单端输入：调出一电压为 0.1V 直流信号，"＋"接 U_{i1}，"－"接地，再分析 U_{C1} 和 U_{C2}

以及 U_o，计算差模放大倍数。

（4）在 U_{i1} 端加入幅值为 0.05mV、频率为 1kHz 的交流信号，用示波器分别观察 U_{C1} 和 U_{C2} 以及 U_o 的波形，分析结果。

请读者按步骤自己分析，并与理论值进行比较。

8.4 功率放大器

1. OCL 乙类互补功率放大器

电路如图 8.4.1 所示。

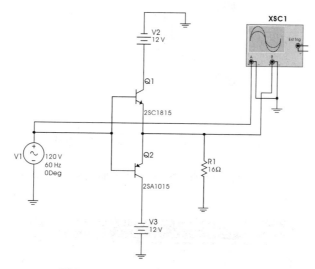

图 8.4.1　OCL 乙类互补功率放大电路

打开仿真开关，即可对比观察到输出、输入信号的波形和相位。停止仿真，仔细观察输出信号波形在过零处是不连续的，这就是交越失真，如图 8.4.2 所示。

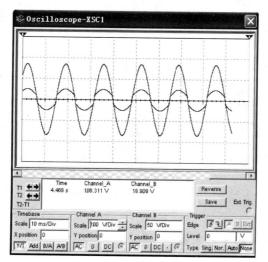

图 8.4.2　功放电路出现的交越失真现象

2. OCL 甲、乙类互补功率放大器

电路如图 8.4.3 所示。

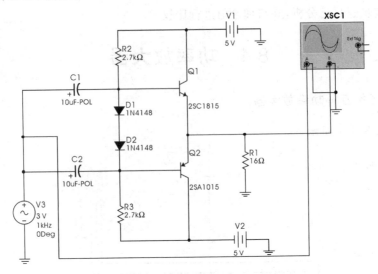

图 8.4.3 OCL 甲、乙类互补功率放大电路

打开仿真开关,等一会儿再停止仿真,可仔细观察输出信号波形在过零处已非常平滑,已基本消除了交越失真,如图 8.4.4 所示。

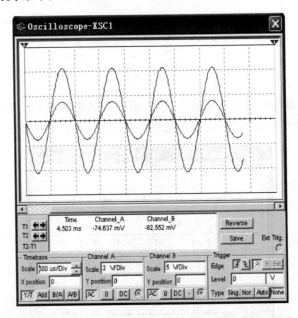

图 8.4.4 OCL 甲、乙类互补功率放大器已基本消除交越失真

3. OTL 甲、乙类互补功率放大器

电路如图 8.4.5 所示。

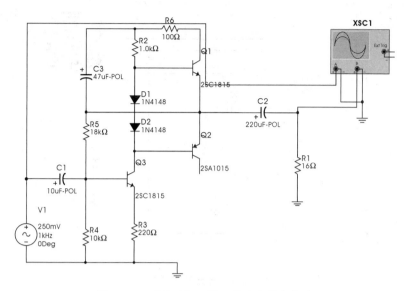

图 8.4.5　OTL 甲、乙类互补功率放大电路

打开仿真开关,仔细观察输出信号波形也无交越失真,如图 8.4.6 所示。

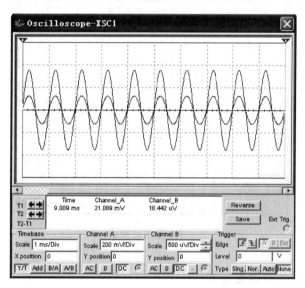

图 8.4.6　OTL 甲、乙类互补功率放大器已基本消除交越失真

8.5　运算放大器的应用 1

1. 方波发生器

电路如图 8.5.1 所示。观察 741 的 2 脚和振荡器输出端的波形;改变 Rp 可以调整电路的振荡频率(参考波形如图 8.5.2 所示),用频率计测量振荡器的频率。

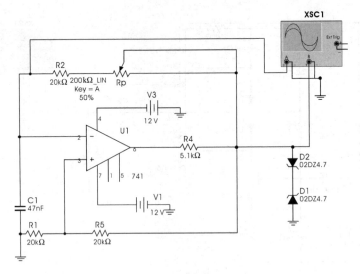

图 8.5.1　方波发生器电路

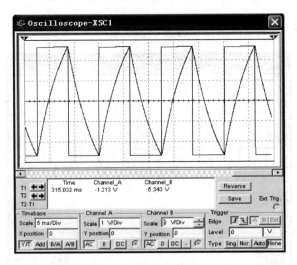

图 8.5.2　方波发生器输出端波形图

2. 占空比可调的矩形波发生器

电路如图 8.5.3 所示。打开仿真开关,即可观察到信号波形如图 8.5.4 所示,按 A 键,可使脉冲宽度增加；按 Shift＋A 键,可使脉冲宽度减小。

3. 三角波发生器

三角波发生器及其产生的波形如图 8.5.5 和图 8.5.6 所示。

4. 锯齿波发生器

锯齿波发生器及其产生的波形如图 8.5.7 和图 8.5.8 所示。

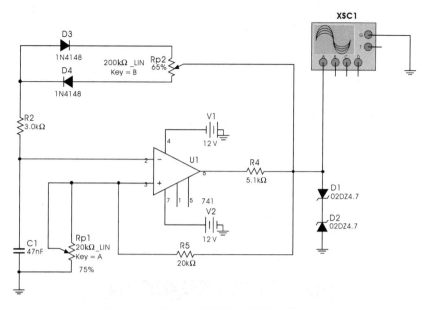

图 8.5.3　占空比可调的矩形波发生器电路

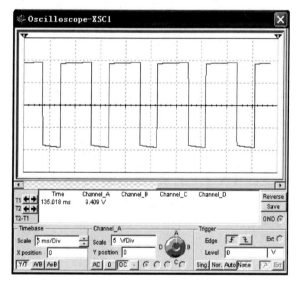

图 8.5.4　占空比可调的矩形波发生器输出端波形图

5. 文氏正弦波振荡电路

例 8.8　电路如图 8.5.9 所示,观察文氏正弦波振荡器的起振过程,记录起振时间。然后观察文氏振荡器产生的正弦波,读出周期,计算振荡频率。另外观察 Rp 阻值的变化对文氏正弦波振荡器的影响。

解：具体步骤如下。

① 观察文氏正弦波振荡电路的起振过程。打开仿真开关,双击示波器,观察文氏正弦波振荡器的起振过程,这个过程大约需要 600ms。

Multisim 9在电工电子技术中的应用

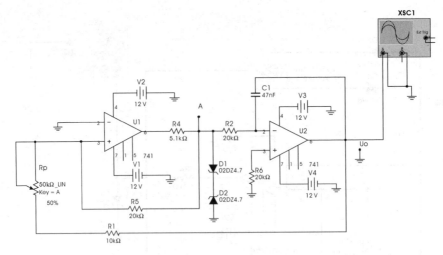

图 8.5.5　三角波发生器电路

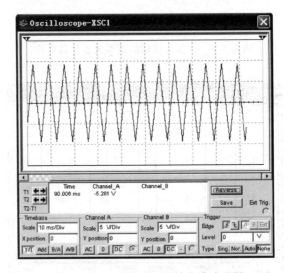

图 8.5.6　三角波发生器输出端波形图

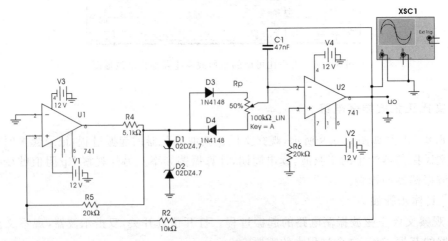

图 8.5.7　锯齿波发生器电路

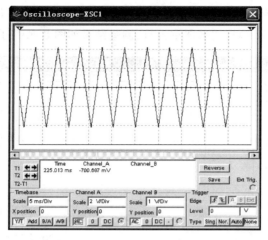

图 8.5.8　锯齿波发生器输出端波形图

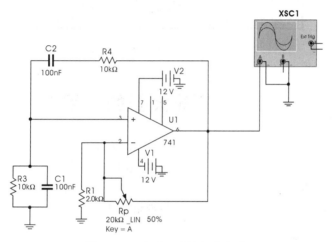

图 8.5.9　文氏正弦波振荡电路

② 观察文氏正弦波振荡器产生的正弦波。测量结果如图 8.5.10 所示。

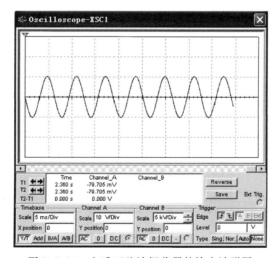

图 8.5.10　文氏正弦波振荡器的输出波形图

③ 调整 Rp 的阻值,再观察文氏正弦波振荡器的起振过程及产生的输出波形。阻值改变后,起振时间发生变化,输出波形严重失真,测量结果如图 8.5.11 所示。

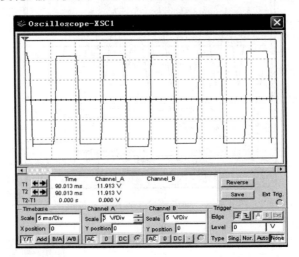

图 8.5.11　文氏正弦波振荡器输出波形失真图

8.6　运算放大器的应用 2

滤波器是一种能够滤除不需要频率的分量、保留有用频率分量的电路。工程上常用于数字信号处理、数据传送和抑制干扰等方面。利用运算放大器和无源器件(R、L、C)构成有源滤波器具有一定的电压放大和输出缓冲作用。按滤除频率分量的范围来分,有源滤波器可分为低通滤波器、高通滤波器、带通滤波器和带阻滤波器。

1. 有源低通滤波器

一阶有源低通滤波器如图 8.6.1 所示,它的幅频特性如图 8.6.2 所示。

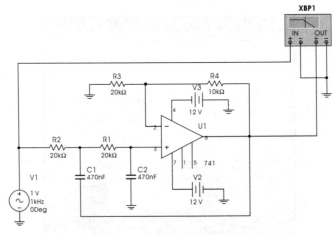

图 8.6.1　一阶有源低通滤波器

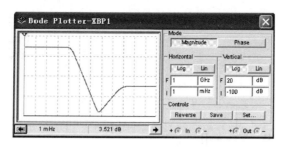

图 8.6.2　一阶有源低通滤波器幅频特性

2. 有源高通滤波器

一阶有源高通滤波器如图 8.6.3 所示,它的幅频特性如图 8.6.4 所示。

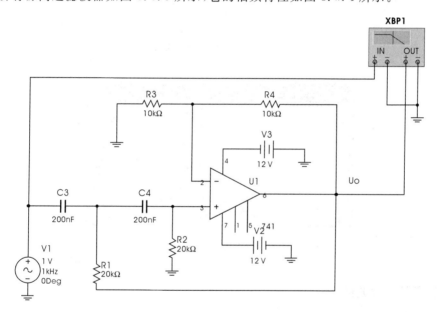

图 8.6.3　一阶有源高通滤波器

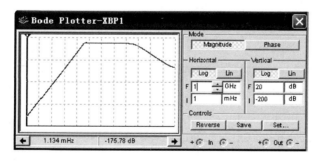

图 8.6.4　一阶有源高通滤波器幅频特性

3. 有源带阻滤波器

一阶有源带阻滤波器如图 8.6.5 所示,它的幅频特性如图 8.6.6 所示。

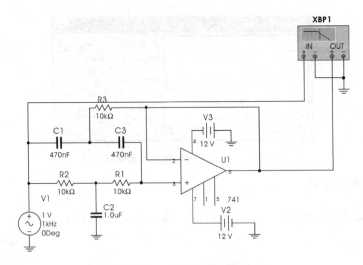

图 8.6.5　一阶有源带阻滤波器

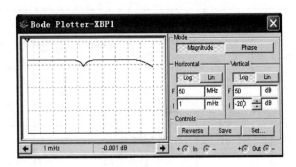

图 8.6.6　一阶有源带阻滤波器幅频特性

4. 有源带通滤波器

有源带通滤波器如图 8.6.7 所示，它的幅频特性如图 8.6.8 所示。

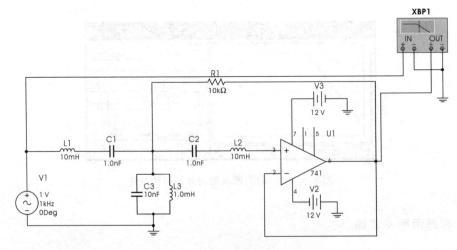

图 8.6.7　一阶有源带通滤波器

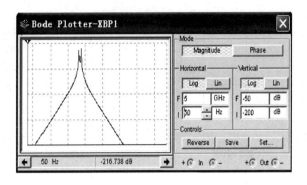

图 8.6.8　一阶有源带通滤波器幅频特性

8.7　稳压电源

1. 三端稳压电源

三端稳压电源所用集成芯片为 LM7812CT，当开关放在不同的位置上时，分别从万用表上读取输出端电压值，如图 8.7.1 所示。

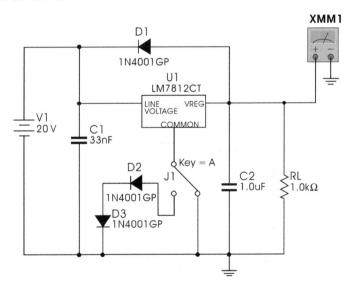

图 8.7.1　三端稳压电源

2. 输出电压可调的稳压电源

图 8.7.2 所示为输出电压可调的稳压电源，调整 R1 的大小，得到一连续可调的稳压电源。

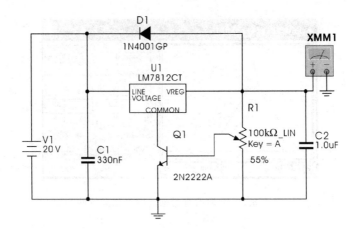

图 8.7.2 输出电压可调的稳压电源

8.8 负反馈放大电路

例 8.9 电路如图 8.8.1 所示。电路中引入了电压串联负反馈。

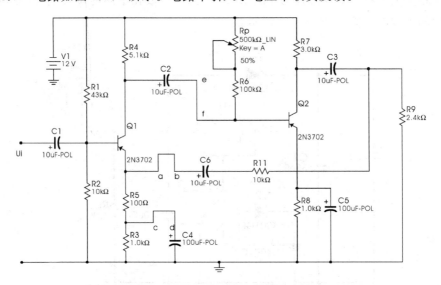

图 8.8.1 电压串联负反馈放大电路

(1) 在信号输入端加入 $f=1\text{kHz}, U_i=0.1\text{mV}$ 的正弦信号。

(2) 配置示波器,运行仿真,调节电位器 Rp,使输出信号波形最大且不失真。

(3) 断开 ab、cd(可以用单刀开关代替);连接 ad,运行仿真。再调节电位器 Rp,使输出信号波形最大且不失真,记录信号的输入、输出幅度,计算增益;测量放大器主网络的输入输出电阻;用波特图仪测量幅频特性曲线和相频特性曲线。

(4) 断开 ad,连接 ab、cd,运行仿真,记录信号输入输出幅度,计算增益;测量放大器有反馈时的输入输出电阻;用波特图仪测量幅频特性曲线和相频特性曲线。

(5) 测量 a 点与地的电压 U_f 和 U_{01},计算反馈深度。

(6) 对(3)~(6)的结果进行比较,分析负反馈对放大器性能的影响。

解:(1)和(2)电路如图 8.8.2 所示,信号的设置在 8.1 节中已经阐述过,这里不再赘述,请读者自行设置。

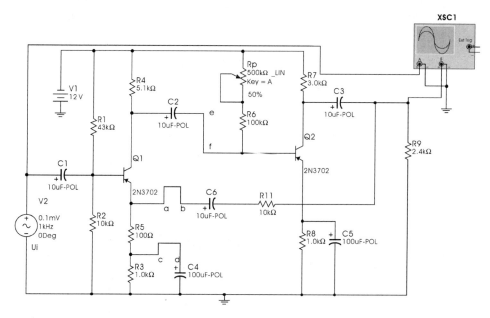

图 8.8.2　电路原理图 1

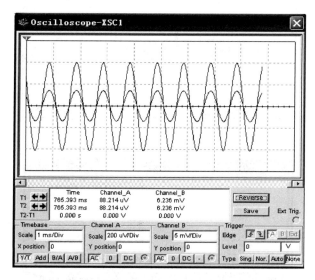

图 8.8.3　波形图 1

按键盘上的 A 键使 R_p 增大,按 Shift+A 键使 R_p 减小,调整合适的 R_p 使输出波形最大且不失真,从波形图(见图 8.8.3)上可以读出输出信号幅值的最大值。

(3) 电路的连接如图 8.8.4 所示,从波形图(见图 8.8.5)上读出输入输出信号幅度的最大值,计算增益。放大器主网络的输入输出电阻的计算方法同 8.1 节相同;用波特图仪测量幅频特性曲线和相频特性曲线,曲线如图 8.8.6 所示。

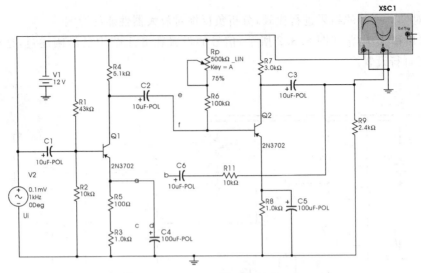

图 8.8.4　电路原理图 2

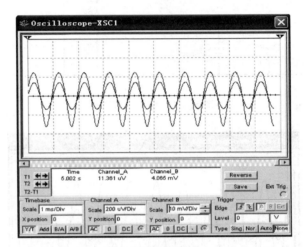

图 8.8.5　波形图 2

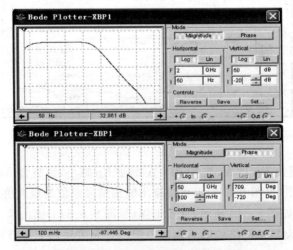

图 8.8.6　电路的幅频特性和相频特性

(4) 的解答同(3)一样,只是对应的电路图发生改变。请读者自行分析。

(5) 中,用万用表分别测量两个电压,利用公式直接计算。

(6) 综上分析可以看出,负反馈的加入使得放大电路的放大倍数减小,提高了放大倍数的稳定性。由于本题分析的是电压串联负反馈,通过输入输出电阻前后比对,可知,电压串联负反馈使输入电阻增大,输出电阻减小。其他类型的负反馈对放大电路的影响请读者按此步骤自行分析、总结。

第 9 章
Multisim 9 在数字电路中的应用

9.1 晶体管的开关特性

数字电路中常用的晶体二极管、三极管和场效应管都具有开关特性。

9.1.1 晶体二极管的开关特性

晶体二极管是由 PN 结构成,具有单向导电的特性。

例 9.1 验证晶体二极管的开关特性。

解:按图 9.1.1 创建电路,由图可见,二极管加正向电压时,二极管压降 $U=0.693\text{V}\approx 0$,相当于开关闭合(见图 9.1.1(a));二极管加反向电压时,二极管压降 $U=-4.999\text{V}$,说明电路中的电流近似为 0,相当于开关断开(见图 9.1.1(b))。

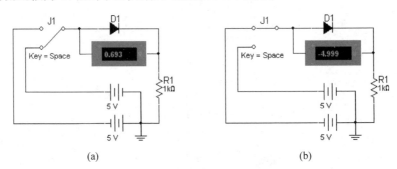

图 9.1.1 二极管开关特性仿真电路

9.1.2 晶体三极管的开关特性

晶体三极管是电流控制元件,具有电流放大作用和开关特性。晶体三极管的开关特性是指三极管工作在饱和区和截止区。

例 9.2 验证晶体三极管的开关特性。

解:按图 9.1.2 创建电路,函数信号发生器输出为 1kHz、2.7Vpp 的正弦波。当输入信号幅度小于三极管的门限电压时,三极管截止输出为高电平;当输入信号幅度大于三极管的门限电压时,三极管饱和导通输出为低电平。仿真结果如图 9.1.3 所示。

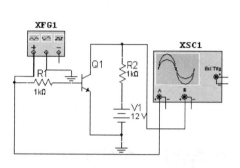
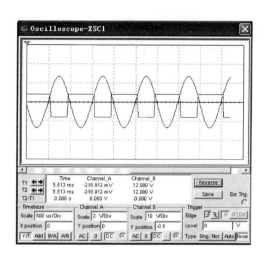

图 9.1.2　三极管开关特性仿真电路　　　　图 9.1.3　三极管开关特性的输入与输出波形

9.1.3　场效应管(MOS 管)的开关特性

MOS 管是电压控制元件,具有与晶体三极管相似的非线特性。

例 9.3　验证 MOS 管的开关特性。

解：按图 9.1.4 创建电路,其中 Q2 为输入管,Q1 为负载管(此管总导通)。对于 Q2 管当 G、S 两端加正向电压时,D、S 导通,相当于开关闭合;当 G、S 两端加反向电压时,D、S 截止,相当于开关断开。通过逻辑转换仪,得出对应的真值表和逻辑函数,如图 9.1.5 所示。

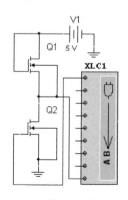
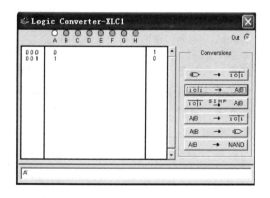

图 9.1.4　MOS 管的开关特性仿真电路　　　　图 9.1.5　逻辑转换仪分析结果

9.2　组合电路的应用

数字电路分为组合逻辑电路和时序逻辑电路两种。组合逻辑电路的输出变量状态完全由当时的输入变量的组合状态来决定,而与电路的原来状态无关,也就是组合电路不具有记忆功能,组成组合电路的单元电路是门电路。

9.2.1 逻辑门电路的测试

逻辑门是构成组合逻辑电路的单元电路,本节将利用字符信号发生器、逻辑分析仪和发光二极管等,对逻辑门功能进行测试。

例 9.4 验证与非门的逻辑功能。

解:按图 9.2.1 创建电路,由字符信号发生器作为与非门的输入信号并设置字符信号发生器按 00→01→10→11→00→01→10→11→00→…顺序循环。发光二极管 LED1、LED2、LED3 指示输入输出的高低电平。用逻辑分析仪来观察与非门输入和输出波形,如图 9.2.2 所示。

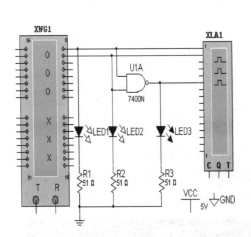

图 9.2.1 与非门逻辑功能验证原理图

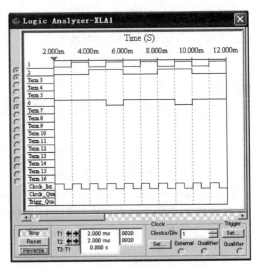

图 9.2.2 与非门输入与输出波形图

注意:电路图 9.2.1 中出现了数字电源(Vcc)和数字地(GND),它们可以不予连接,但调入电路中是必要的,它们默认与数字器件的电源和地连接。

例 9.5 测试三态门的逻辑功能。

解:按图 9.2.3 创建电路,测试时打开仿真开关,蓝色逻辑探针显示输入状态,红色逻辑探针显示输出状态。用普通开关 J2 控制使能端的状态,当使能端为 1 时,输出等于输入,两个逻辑探针同时亮灭;当使能端为 0 时,输出呈高阻状态,无论输入为何状态,输出都为 0。

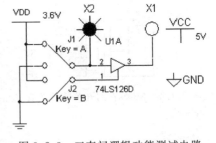

图 9.2.3 三态门逻辑功能测试电路

例 9.6 TTL OC 门的逻辑功能测试及应用。

解:TTL OC 门的集电极是开路的需外加电源和上拉电阻,如图 9.2.4 所示的是与非 OC 门 74LS22D,它可直接驱动继电器,当开关 J1、J2、J3、J4 中至少有一个输入为高电平,并且开关 J5 闭合即 OC 门的集电极加上电源和上拉电阻时继电器闭合,灯 X1 亮。用万用表测 OC 门的输出电压值。

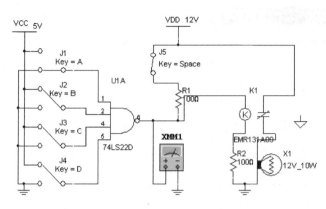

图 9.2.4　OC 门功能测试及应用

9.2.2　门电路的逻辑变换

门电路输出与输入之间的逻辑关系,可以用逻辑图、真值表、表达式来表示,并且三者之间可相互转换。

例 9.7　逻辑电路图如图 9.2.5 所示,求真值表和最简表达式。

解：按图 9.2.5 创建电路,通过逻辑转换仪,得出对应的真值表和最简表达式,如图 9.2.6 所示。

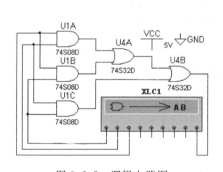

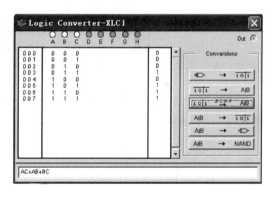

图 9.2.5　逻辑电路图　　　　　图 9.2.6　逻辑电路图的真值表和最简表达式

例 9.8　根据逻辑表达式 $F = AB + \overline{A}B + C$ 求逻辑电路图。

解：如图 9.2.7 所示,在逻辑转换仪最底部的一行空位置中,输入该逻辑关系表达式,然后按下"表达式到电路图"的按钮 $\boxed{\text{AIB} \rightarrow \Longrightarrow}$,相应的逻辑电路图如图 9.2.8 所示。

例 9.9　化简下列包含无关项的逻辑关系表达式：$F = \sum m(2,4,6,8) + \sum d(0,1,13)$,并画出由与非门组成的最简表达式的逻辑电路图。

解：因为该表达式中最大的项数为 13,所以应该从逻辑转换仪的顶部选择四个输入端(A、B、C、D),此时真值表区会自动出现输入信号的所有组合,而右边输出列的初始值全部为零,根据逻辑表达式改变真值表的输出值(1、0 或 x),单击"?"按钮,其值在 0、1、X 间变化,

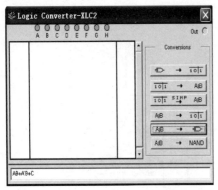
图 9.2.7　逻辑转换仪的表达式输入

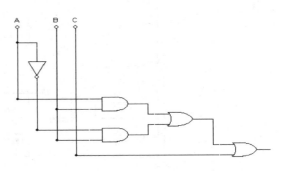
图 9.2.8　表达式到电路图的转换

得到的真值表如图 9.2.9 所示。按下"真值表到最简表达式"的按钮 ![按钮]，相应的逻辑表达式就会出现在逻辑转换仪底部的逻辑表达式栏内。这样就得到了该式的最简表达式：$F=\overline{AD}+\overline{BCD}$。

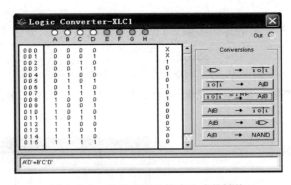
图 9.2.9　真值表到最简表达式的转换

在求最简表达式基础上，按下"表达式到与非电路图"按钮 ![按钮]，相应的逻辑电路图如图 9.2.10 所示。

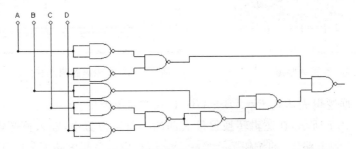
图 9.2.10　表达式到与非电路图的转换

9.2.3　常用组合逻辑模块

常用组合逻辑模块有加法器、编码器、译码器、数字显示器、数据选择/分配器、数值比较器、奇偶检验电路以及一些算术运算电路。

例 9.10 验证全加器 74LS183D 的功能。

解：按图 9.2.11 创建电路，十位、个位和低位来的进位信号由字信号发生器提供。用 X1、X2、X3 指示输入信号状态；X4、X5 指示输出信号状态，探针亮为"1"，灭为"0"。记录输入输出逻辑探针的状态，得到其真值表，证明全加器的功能。

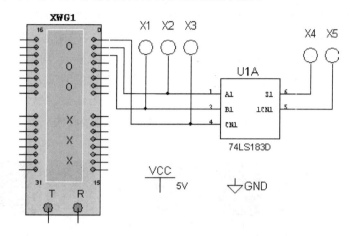

图 9.2.11 全加器 74LS183D 的功能验证电路

例 9.11 用 4 位超前进位加法器 74LS283D 设计 2 个无符号 4 位二进制数相加，两数相加的和不大于 15。

解：按图 9.2.12 创建电路，通过拨码开关 J1、J2 分别设置 2 个无符号 4 位二进制数的输入。U1、U2 为加数和被加数的显示，U3 为和的显示，均为十六进制显示。当逻辑探针亮时，说明有进位信号，两数相加的和大于 15。

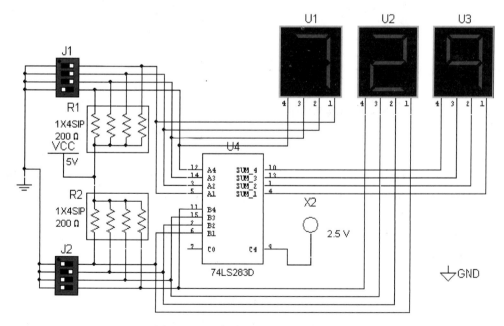

图 9.2.12 验证 74LS283D 功能原理图

例 9.12 试用 4 位并行加法器 74LS283D 设计一个加/减运算电路。当控制信号 M＝0 时它将两个输入的 4 位二进制数相加,而当 M＝1 时它将两个输入的 4 位二进制数相减。两数相加的绝对值不大于 15。允许附加必要的门电路。

解:按图 9.2.13 创建电路,通过拨码开关 J1、J2 分别设置 2 个 4 位二进制数的输入,拨码开关 J1 的 4 个键依次用数字 1、2、3、4 来控制,而拨码开关 J2 的用数字 5、6、7、8 来控制。切换开关 J3 设置 M 的状态,当 M＝0 时做加法运算;M＝1 时做减法运算。U2、U3 分别作为输入 2 个 4 位二进制数的显示,U9 作为输出结果和/差的显示,均为十六进制显示。当 M＝1 时 U8 作为输出结果差的符号位显示,显示"－"代表输出结果为负值,全灭表示差为正值;当 M＝0 时 U8 作为和的结果输出,显示"－"代表输出结果超出量程,即两数相加的绝对值大于 15,全灭表示和为正值。此电路复杂建议采用总线画法。

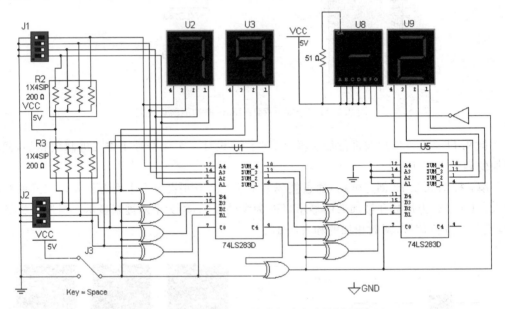

图 9.2.13　74LS283D 构成加减电路的原理图

例 9.13　分析 8 线-3 线编码器 74LS148D 的逻辑功能。

解:按图 9.2.14 创建电路,"1"用＋5V 电源提供,"0"用地信号提供,其状态用蓝色逻辑探针监视,0、1 的转换用切换开关,分别由键盘上的 0～7 八个数字键控制。选通输入端 EI 接在地上,使编码器能正常工作。输出代码的状态由红色逻辑探针监视。两个扩展输出端 GS、E0 用于扩展编码功能,分别用绿色、黄色逻辑探针监视。打开仿真开关,验证各输入信号优先级别的高低。

仿真结果显示该编码器的输入为低电平有效,输入 D7 的优先级别最高,输入 D0 的优先级别最低。另外,编码器工作且至少有一个信号输入时,GS＝0;编码器工作且没有信号输入时,E0＝0。

例 9.14　测试 3 线-8 线译码器 74LS138D 的功能。

解:按图 9.2.15 创建电路,输入信号的 3 位二进制代码由字信号发生器产生,其状态由蓝色逻辑探针监视,输出信号状态由红色逻辑探针监视。观察输出信号与输入代码的对应关系。

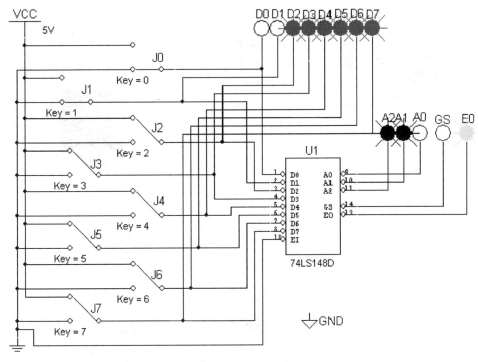

图 9.2.14　编码器 74LS148D 逻辑功能的测试电路

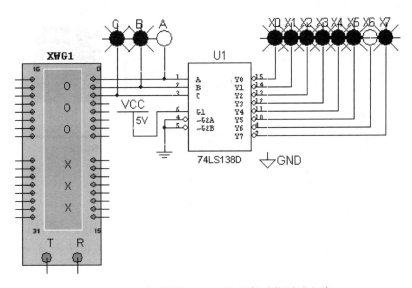

图 9.2.15　译码器 74LS138D 逻辑功能测试电路

例 9.15　测试七段译码驱动器 74LS47D 的功能。

解：按图 9.2.16 创建电路，输入信号的 8421BCD 码由字信号发生器产生，其状态由蓝色逻辑探针监视，输出信号用 LED 数码管显示。观察输出信号与输入代码的对应关系。

以上电路的结构完全采用传统方法，在电路系统较小的情况下，这种方法可行并且直观明了。若设计系统较大时，传统方法使电路变得庞大、杂乱。因此，当系统较大时采用总线画法，如图 9.2.17 所示。

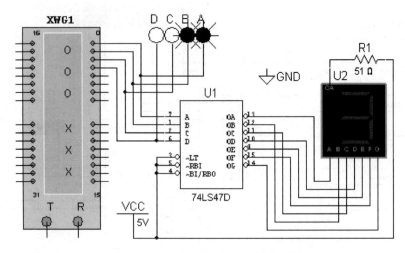

图 9.2.16　74LS47D 的功能测试电路

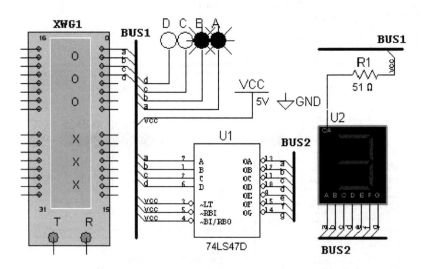

图 9.2.17　74LS47D 的功能测试总线画法电路

例 9.16　测试数据选择器 74LS153D 的功能。

解：按图 9.2.18 所示创建电路，V1、V2、V3、V4 为不同频率的方波，用切换开关设置 A、B 的状态，当 AB 取值依次为 00、01、10、11 时，输出端 1Y 的波形依次为 V1、V2、V3、V4 的波形，如图 9.2.19 所示。

例 9.17　用 74LS151 型 8 选 1 数据选择器实现逻辑函数式 $Y=AB+BC+CA$。

解：按图 9.2.20 创建电路，用逻辑转换仪得到所设计电路的逻辑函数式如图 9.2.21 所示，与设计要求相同。

例 9.18　测试 4 位数值比较器 4585 的功能。

解：按图 9.2.22 创建电路，用切换开关 J1、J2、J3、J4、J5、J6、J7、J8 控制数据 A、B，比较结果用逻辑探针显示。X1 亮表示 A>B，X2 亮表示 A=B，X3 亮表示 A<B。

例 9.19　设计一个用 74LS86 实现的奇偶校验电路。

第9章 Multisim 9在数字电路中的应用

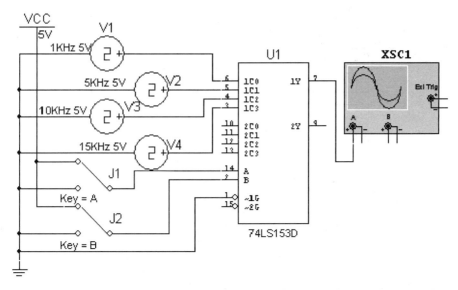

图 9.2.18　数据选择器 74LS153D 测试电路

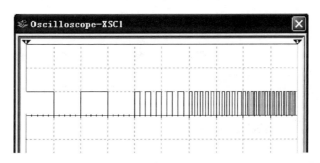

图 9.2.19　AB 取不同值时输出波形

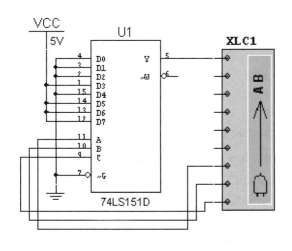

图 9.2.20　实现逻辑函数的电路图　　　图 9.2.21　逻辑转换仪得到的函数式

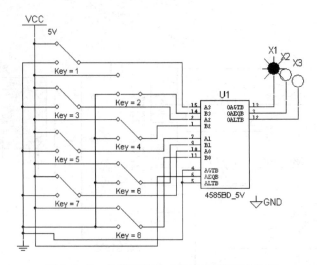

图 9.2.22 数值比较器 4585 的功能测试电路

解：当有奇数个 1 时输出为 1；有偶数个 1 时输出为 0。按图 9.2.23 创建电路，输入信号由字信号发生器产生，用蓝色逻辑探针监视，输出信号用红色逻辑探针监视。逻辑探针亮为 1，灭为 0。

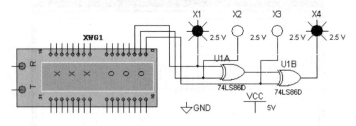

图 9.2.23 奇偶校验电路

9.2.4 组合电路应用举例

例 9.20 设计交通信号灯故障检测电路。

解：交通信号灯在正常情况下只有一个灯亮，如灯全不亮或全亮或两个灯同时亮，都是故障。根据题意列逻辑状态表，得到逻辑表达式 $F=\overline{R+Y+G}+R(Y+G)+YG$。R 代表红灯，Y 代表黄灯，G 代表绿灯。由逻辑表达式可画出交通信号灯故障检测电路，如图 9.2.24 所示。发生故障时，晶体管导通，继电器通电，其触点闭合，故障指示灯 LED1 亮。

例 9.21 用门电路实现 2ASK 键控调制电路。

解：按图 9.2.25 创建电路，用 XFG1 信号发生器产生基带信号，XFG2 信号发生器产生周期方波信号，与门 7408N 作为键控开关。输入与输出波形如图 9.2.26 所示，图中上方为基带信号，下方为输出波形 2ASK 键控调制波形。

例 9.22 设计一个病人呼叫大夫的电路。具体要求：某医院有 8 间病房，各个房间按病人病情的严重程度不同进行分类，7 号房间的病人病情最重，0 号房间的病人病情最轻，

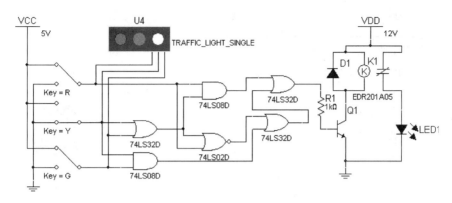

图 9.2.24 交通信号灯故障检查电路

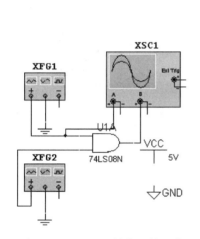

图 9.2.25 2ASK 键控调制电路

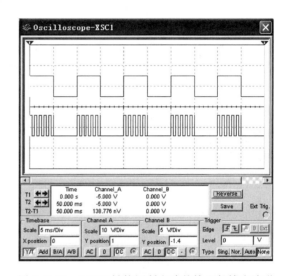

图 9.2.26 2ASK 键控调制电路的输入与输出波形

呼叫时蜂鸣器发声的同时要显示病人的房间号,而且两个或两个以上的病人同时呼叫大夫时只显示病情最重的病人的呼叫。

解:按图 9.2.27 创建电路,用拨码开关作为 8 间病房的求助按钮,从上而下分别用 0、1、2、3、4、5、6、7 来控制。当有病人按下求助按钮,则 74LS148D 的 GS 输出端为高电平,其端接反相器,去推动晶体管使蜂鸣器发声,以提醒大夫有病人呼叫,并用 LED 数码管显示该病人的房间号。蜂鸣器的设置为 5V、200Hz。

例 9.23 设计逻辑笔电路,要求:可以直接测量逻辑电路的"高""低"电平。

解:按图 9.2.28 创建电路,U1(4049)的门 A、B 和 R1、R2 构成施密特触发器,其回差电压 $\Delta U = (U_+ - U_-) = \dfrac{R_1}{R_2} E_D$,$U_+$、$U_-$ 为施密特触发器的两个阈值电平,这里取 $E_D = 5V$、$R_1 = 10k\Omega$, $R_2 = 30k\Omega$,则 $\Delta U \approx 1.7V$。这里的逻辑高电平 $U_{iH} \geqslant U_+$、逻辑低电平 $U_{iL} \leqslant U_-$,逻辑电平经施密特电路判别后,在经过整形电路驱动七段数码管显示,当探测到高电平时,数码管显示 H、低电平时显示 L。

例 9.24 观察组合电路中的竞争冒险现象。

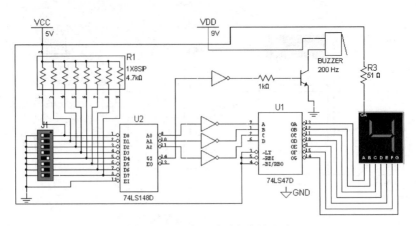

图 9.2.27 病人呼叫大夫的电路

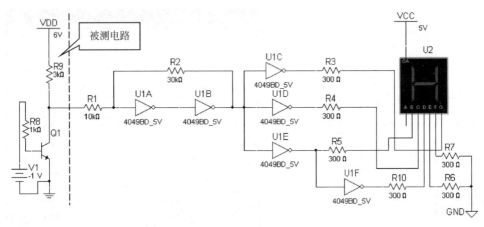

图 9.2.28 逻辑笔电路原理图

解：（1）观察 0 冒险。

按图 9.2.29 创建电路，观察输入与输出波形如图 9.2.30 所示，图 9.2.30 中上方为输出波形，出现了毛刺现象。

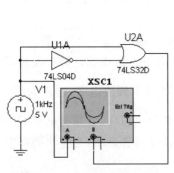

图 9.2.29 0 冒险的仿真电路

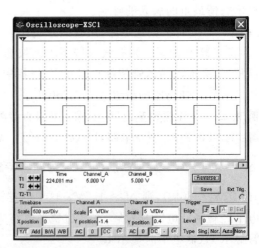

图 9.2.30 0 冒险的仿真波形

(2) 观察 1 冒险。

按图 9.2.31 创建电路,观察输入与输出波形如图 9.2.32 所示,图 9.2.32 中上方为输出波形,出现了毛刺现象。

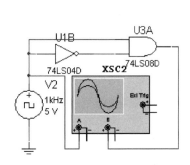

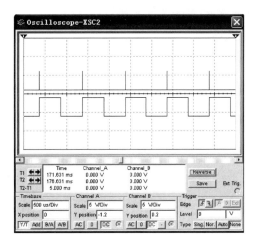

图 9.2.31　1 冒险的仿真电路　　　　　图 9.2.32　1 冒险的仿真波形

9.3　时序逻辑电路的应用

时序逻辑电路的输出信号不仅取决于当时的输入信号,而且还取决于电路原来的状态。也就是说时序逻辑电路具有记忆的功能,触发器是组成时序逻辑电路的基本单元电路。

9.3.1　触发器功能测试

例 9.25　基本 RS 触发器的功能测试。

解:(1) 用与非门构成的基本 RS 触发器。

按图 9.3.1 创建电路,X1 显示 $\overline{R}_D$ 的状态,X2 显示 $\overline{S}_D$ 的状态,X3 显示 Q 的状态,X4 显示 $\overline{Q}$ 的状态。

(2) 用或非门构成的基本 RS 触发器。

按图 9.3.2 创建电路,X1 显示 $\overline{\overline{R}_D}$ 的状态,X2 显示 $\overline{\overline{S}_D}$ 的状态,X3 显示 Q 的状态,X4 显示 $\overline{Q}$ 的状态。

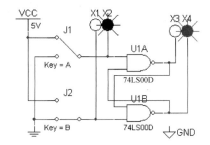
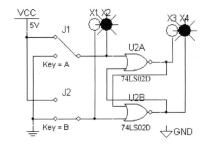

图 9.3.1　与非门构成的基本 RS 触发器　　　图 9.3.2　或非门构成的基本 RS 触发器

例 9.26　JK 触发器功能测试。

解：按图 9.3.3 创建电路，用切换开关来控制 J 和 K 的状态。用 X1、X2 分别显示 J 和 K 的状态，时钟信号由时钟脉冲电源提供。示波器显示的波形为 $J=K=1$ 时的输出波形与时钟波形，如图 9.3.4 所示。

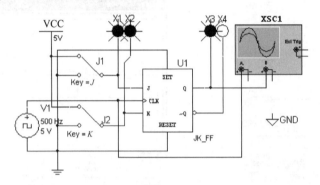

图 9.3.3　JK 触发器功能测试电路

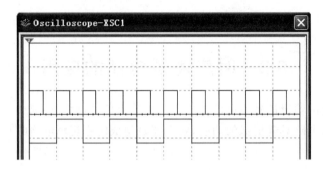

图 9.3.4　JK 触发器的时钟波形与 $J=K=1$ 时的输出波形

例 9.27　D 触发器的功能测试。

解：按图 9.3.5 创建电路，打开仿真按钮验证 D 触发器的功能。

例 9.28　用 D 触发器实现计数的功能。

解：按图 9.3.6 创建电路，把 D 接在 $\overline{Q}$ 上，实现计数的功能。示波器显示的波形为输出波形与时钟波形，如图 9.3.7 所示。

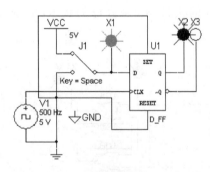 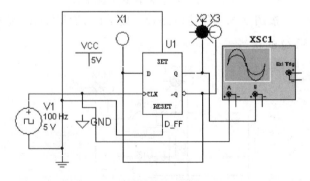

图 9.3.5　D 触发器的功能测试电路　　图 9.3.6　D 触发器实现计数功能的电路

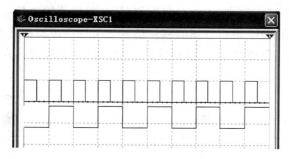

图 9.3.7 输出波形与时钟波形图

9.3.2 寄存器

寄存器常分为数码寄存器和移位寄存器两种,其区别在于有无移位的功能。

1. 数码寄存器

数码寄存器只有寄存数码和清除原有数码的功能。

例 9.29 用 74LS74D 设计四位数码寄存器,并存储数据 1010。

解:按图 9.3.8 创建电路,切换开关用 0、1、2、3 键给出 4 位数据的数值,切换开关 R、C 分别用来控制清零信号和寄存信号。红色的逻辑探针用来显示输出的数据应与输入的数据一致。

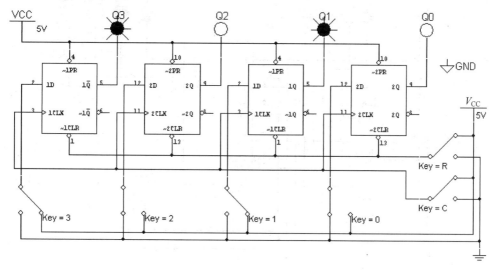

图 9.3.8 四位数码寄存器

2. 移位寄存器

移位寄存器不仅有存放数码而且有移位的功能。

例 9.30 用 D 触发器设计单向移位寄存器并验证其功能。

解：按图 9.3.9 创建电路，取 4 个 D 触发器，低位触发器输出接高位触发器输入，用切换开关 J1 给出数据，开关 J2 给出数据的移位信号。用红色逻辑探针监视输出。打开仿真开关，单击 D 键，再单击空格键，从高位到低位，将数据 0101 依次送入串行输入端，观察并行输出。

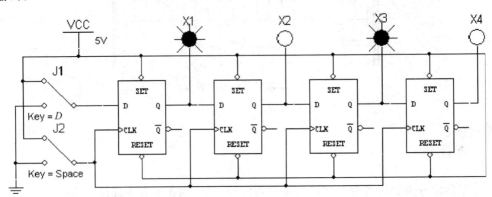

图 9.3.9 单向移位寄存器

例 9.31 双向移位寄存器 74LS194D 的功能测试。

解：按图 9.3.10 创建电路，控制信号 S1、S0 输入开关由 1、0 键控制。左、右移输入开关分别由 L、R 键控制。并行输入 D、C、B、A 接入 1011。各输入输出均接逻辑探针监视。打开仿真开关。

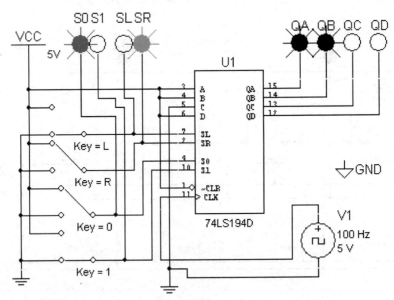

图 9.3.10 双向移位寄存器 74LS194D 的功能测试电路

① S1S0＝11 时，观察移位寄存器输出的变化。
② S1S0＝01 时，按 R 键，不断改变右移输入，观察数据右移串行输出。
③ S1S0＝10 时，按 L 键，不断改变左移输入，观察数据左移串行输出。

结论：双向移位寄存器 74LS194D 中，当 S1S0＝11 时，数据 DCBA＝1011 并行输入；

当 S1S0＝01 时,右移输入数据在时钟信号作用下,依次右移;当 S1S0＝10 时,左移输入数据在时钟信号作用下,依次左移。

9.3.3 计数器

在数字系统中使用最多的时序电路是计数器。计数器不仅能用于对时钟脉冲计数,还可以用于分频、定时、产生节拍脉冲和脉冲序列以及进行数字运算等。

1. 同步计数器

在同步计数器中,当时钟脉冲输入时触发器的翻转是同时发生的。

例 9.32 分析电路如图 9.3.11 所示的逻辑功能。

解：如图 9.3.11 所示,此电路为同步计数器,根据逻辑分析仪的结果如图 9.3.12 所示,可知此电路为十三进制的加法计数器。由输出逻辑探针的点亮规律,也可判定此电路为十三进制的加法计数器。当输出为 1100 时有进位信号是 1,此时最右侧指示进位的逻辑探针亮。

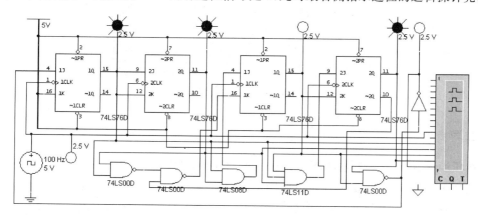

图 9.3.11 同步计数器的原理图

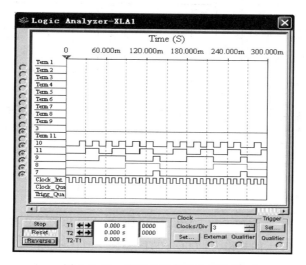

图 9.3.12 逻辑分析仪的分析结果

例 9.33 同步十进制加法计数器 74LS160D 的功能测试。

解：按图 9.3.13 创建电路，同步置位端和异步清零端分别用 L 和 C 来控制。用 LED 数码管来显示输出，进位信号端用逻辑探针显示，当计数到 9 时，数码管显示 9，并且逻辑探针亮，说明有进位信号输出。74LS160D 的计数规律为：0→1→2→3→4→5→6→7→8→9→0→1→……故为十进制加法计数器。

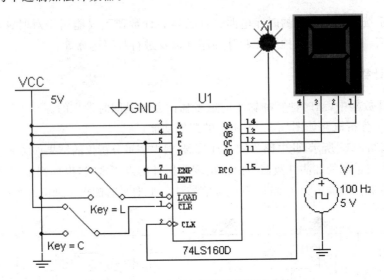

图 9.3.13　74LS160D 的功能测试电路

2. 异步计数器

在异步计数器中，触发器的翻转有先有后，不是同时发生。

例 9.34 分析图 9.3.14 所示电路的逻辑功能。

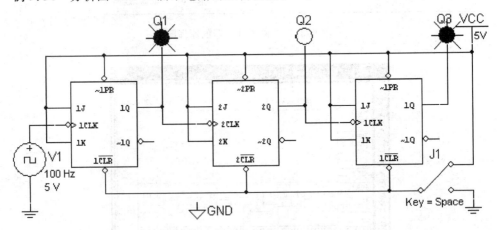

图 9.3.14　待分析的时序逻辑电路

解：此电路中的 JK 触发器无统一的时钟脉冲，故为异步时序电路。打开仿真开关，输出逻辑探针 Q3Q2Q1 显示的规律为：000→001→010→011→100→101→110→111→000→001→……所以该电路为异步八进制的加法计数器。

例 9.35 分析图 9.3.15 所示电路的逻辑功能。

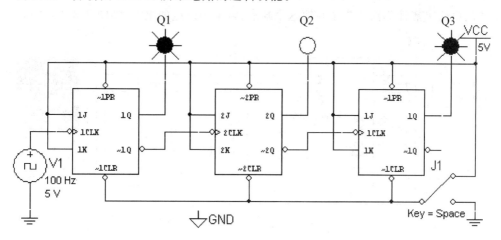

图 9.3.15 待分析的时序逻辑电路

解：此电路中的 JK 触发器无统一的时钟脉冲，故为异步时序电路。打开仿真开关，输出逻辑探针 Q3Q2Q1 显示的规律为：000→111→110→101→100→011→010→001→000→111→…所以该电路为异步八进制的减法计数器。

例 9.36 异步二-五-十进制的加法计数器 74LS290D 的功能测试。

解：按图 9.3.16 所示创建电路，0 键控制清零信号，9 键控制置 9 信号。A 键控制是否与 QA 连接，连接时从 INA 输入时钟信号构成十进制计数器。数码管从左至右分别为十进制计数的显示、五进制计数的显示、二进制计数的显示。

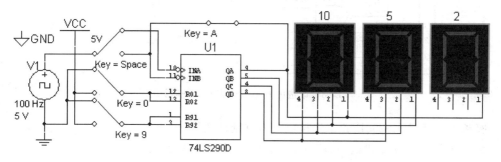

图 9.3.16 74LS290D 的功能测试

3. 任意进制计数器的构成

已有的是 N 进制计数器，而需要得到的是 M 进制计数器。这时有 $M<N$ 和 $M>N$ 两种可能的情况。

1) $M<N$ 的情况

在 N 进制计数器的顺序计数过程中，若设法使之跳跃 $N-M$ 个状态，就可以得到 M 进制计数器了。实现跳跃的方法有置零法（或称复位法）和置数法（或称置位法）两种。

（1）置零法的应用。

例 9.37 74LS160D 采用置零法构成的六进制计数器。

解：按图 9.3.17 创建电路，由于置零信号持续时间极短，容易导致电路误动作，因此这种接法的电路可靠性不高。为了克服这个缺点，常采用改进的电路，如图 9.3.18 所示。

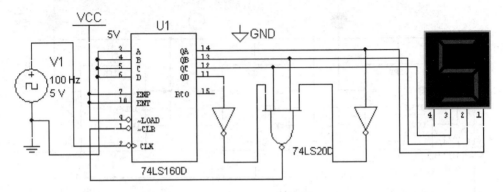

图 9.3.17　置零法构成的六进制计数器

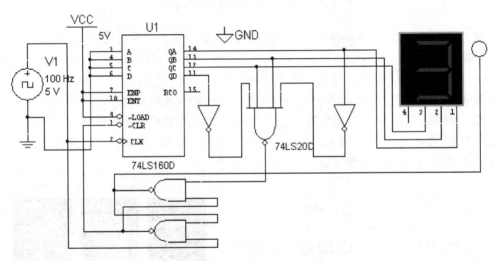

图 9.3.18　改进的置零法构成的六进制计数器

例 9.38　用 74LS290D 置零法构成的六进制计数器。

解：按图 9.3.19 创建电路，用 74LS290D 置零法构成的六进制计数器。

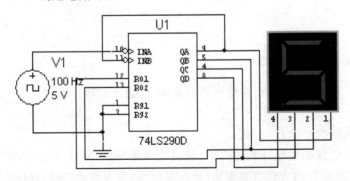

图 9.3.19　置零法构成的六进制计数器

(2) 置数法的应用。

例 9.39　74LS160D 采用置数法构成的六进制计数器。

解：置数法既可以置入 0000，也可以置入 1001。如图 9.3.20 所示的电路置入的是 0000，如图 9.3.21 所示的电路置入的是 1001。

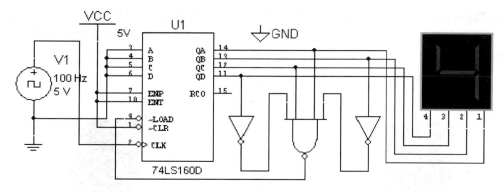

图 9.3.20　置数法构成的六进制计数器（置入 0000）

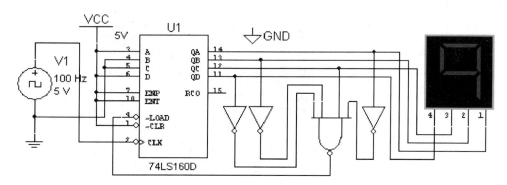

图 9.3.21　置数法构成的六进制计数器（置入 1001）

例 9.40　用 74LS290D 置 9 法构成的六进制计数器。

解：电路如图 9.3.22 所示，用 74LS290D 置 9 法构成的六进制计数器。

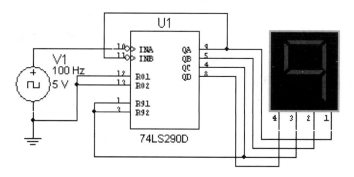

图 9.3.22　置 9 法构成的六进制计数器

2）$M > N$ 的情况

用多片 N 进制计数组合起来，才能构成 M 进制计数器。各片之间（或称为各级之间）

的连接方式可分为串行进位方式、并行进位方式、整体置零方式和整体置数方式几种。

若 M 可以分解为两个小于 N 的因数相乘,即 $M = N_1 \times N_2$,则可采用串行进位方式或并行进位方式将一个 N_1 进制计数器和一个 N_2 进制计数器连接起来,构成 M 进制计数器。在 N_1、N_2 不等于 N 时,可以先将两个 N 进制计数器分别接成 N_1 进制计数器和 N_2 进制计数器,然后再以并行进位方式或串行进位方式将它们连接起来。

(1) 并行进位方式。在并行进位方式中,以低位片的进位输出信号作为高位片的工作状态控制信号(计数的使能信号),两片的 CLK 输入端同时接计数输入信号。

例 9.41 并行进位方式构成的一百进制计数器。

解:如图 9.3.23 所示,并行进位方式构成的一百进制计数器。

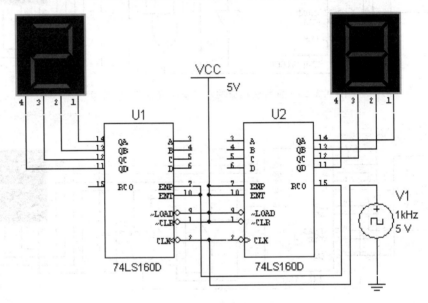

图 9.3.23　一百进制计数器

例 9.42 并行进位方式构成的六十进制计数器。

解:如图 9.3.24 所示,并行进位方式构成的六十进制计数器,此电路可作为数字钟的分、秒电路。

(2) 串行进位方式。在串行进位方式中,以低位片的进位输出信号作为高位片的时钟输入信号。

例 9.43 串行进位方式构成的一百进制计数器。

解:如图 9.3.25 所示,串行进位方式构成的一百进制计数器。

例 9.44 串行进位方式构成的六十进制计数器。

解:如图 9.3.26 所示,串行进位方式构成的六十进制计数器,此电路可作为数字钟的分、秒电路。

当 M 为大于 N 的素数时,不能分解成 N_1 和 N_2,上面讲的并行进位方式和串行进位方式就行不通了。这时必须采取整体置零方式或整体置数方式构成 M 进制计数器。

(3) 整体置零法。

整体置零方式,是首先将两片 N 进制计数器按最简单的方式接成一个大于 M 进制计

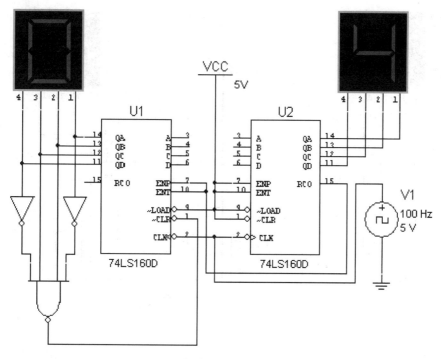

图 9.3.24　六十进制计数器

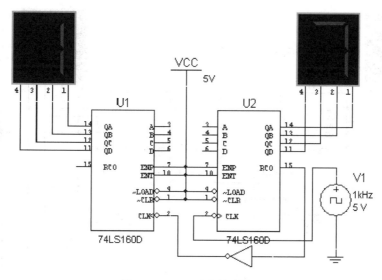

图 9.3.25　一百进制计数器

数器(例如 $N \cdot N$ 进制),然后在计数器计为 M 状态时译出异步置零信号 $R'_D = 0$,将两片 N 进制计数器同时置零。这种方式的基本原理和 $M < N$ 时的置零法是一样的。

例 9.45　整体置零法构成的二十九进制计数器。

解：电路如图 9.3.27 所示,用两个 74LS160D 用整体置零法构成二十九进制计数器。

(4) 整体置数法。

整体置数方式的原理与 $M < N$ 时的置数法类似。首先需将两片 N 进制计数器用最简

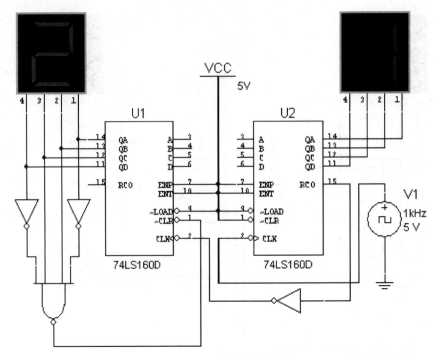

图 9.3.26 六十进制计数器

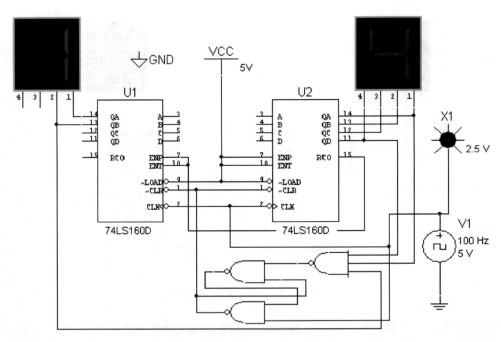

图 9.3.27 二十九进制计数器

单的连接方式接成一个大于 M 进制的计数器(例如 $N \cdot N$ 进制),然后在选定的某一状态下译出 $L'_D = 0$ 信号,将两个 N 进制计数器同时置入适当的数据,跳过多余的状态,获得 M 进制计数器。采用这种接法要求已有的进制计数器本身必须具有预置数功能。

例 9.46 整体置数法构成的二十九进制计数器。

解：电路如图 9.3.28 所示，用两个 74LS160D 用整体置数法构成二十九进制计数器。

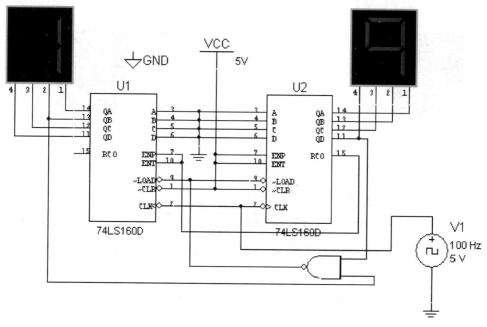

图 9.3.28 二十九进制计数器

当 M 不是素数时整体置零法和整体置数法也可以使用。

例 9.47 用整体置零法构成二十四进制计数器。

解：如图 9.3.29 所示，采用整体置零法构成二十四进制计数器，此电路可作为数字钟的小时电路。

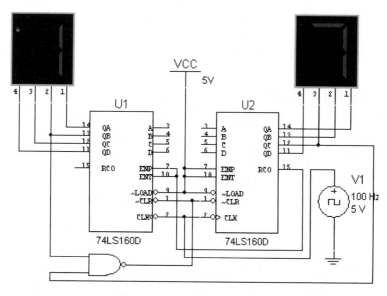

图 9.3.29 二十四进制计数器

例 9.48 用整体置数法构成二十四进制计数器。

解：如图 9.3.30 所示，采用整体置数法构成二十四进制计数器，此电路可作为数字钟的小时电路。

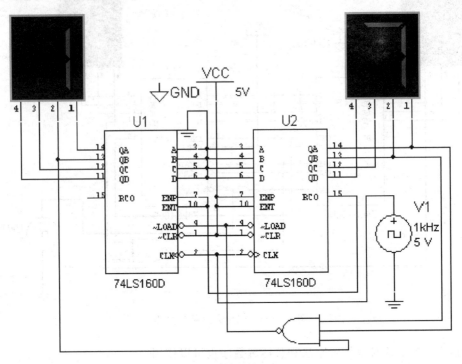

图 9.3.30 二十四进制计数器

通过这几个例子可以看到，整体置零法可靠性较差。采用整体置数方式可以避免置零法的缺点。

9.3.4 其他时序逻辑电路及应用

例 9.49 验证锁存器 4042BD 的功能。

解：电路如图 9.3.31 所示，电路正常工作时极性端 E0 处于高电平，E1 端作为锁存使能端，当 E1＝1 时，Q0Q1Q2Q3＝D0D1D2D3；当 E1＝0 时，无论 D0D1D2D3 如何变化，输出 Q0Q1Q2Q3 保持上一次的信号不变。

例 9.50 设计一个 4 人的智力竞赛抢答器。

解：电路如图 9.3.32 所示，智力竞赛抢答器电路应能识别出 4 人中哪一个最先按下按键，而随后到来的其他人的按键不作出响应。电路如图 9.3.32 所示，4 人的抢答按键分别用 1、2、3、4 来控制，复位开关由 E 来控制，复位时按下 E 键，当电路正常工作时，复位开关应处于断开状态，异或门中的一输入端为高电平。当有人按下按键时，输入端 4 与非门输出为 1，在经过异或门输出为 0，此时 E1＝0 锁存信号，无论输入的状态如何改变，输出不再改变。

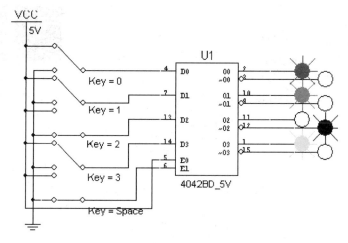

图 9.3.31 锁存器 4042BD 的功能测试电路

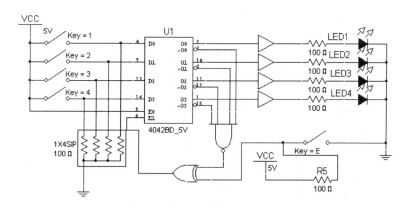

图 9.3.32 4 人的智力竞赛抢答器电路

例 9.51 设计一个一百进制的加/减计数器。

解：电路如图 9.3.33 所示，用两片 74190N 构成一百进制的加/减计数器。使能端信号用 E 键控制，清零信号用 C 键控制，加/减状态由 D 键控制。用逻辑探针监视加计数的最大值和减计数的最小值。

例 9.52 设计一个能自启动的 4 位环形计数器。

解：电路如图 9.3.34 所示，采用 4 位移位寄存器芯片 74LS194D 构成，4 位环形计数器的状态变化规律为 1000→0100→0010→0001→1000→0100→……循环。

例 9.53 用中规模集成芯片设计一个顺序脉冲发生器。

解：用同步计数器 74LS163D 和 3 线-8 线译码器 74LS138D 构成顺序脉冲发生器，电路如图 9.3.35 所示。通过逻辑分析观察在连续脉冲作用下输出状态的变化。波形图如图 9.3.36 所示。

将上述顺序脉冲发生器电路稍加修改，输出信号接上各种颜色的逻辑探针，就可成为一个旋转的彩灯，如图 9.3.37 所示。

例 9.54 用中规模集成芯片设计一个序列信号发生器。要求：电路输出循环产生串行数据 00010111。

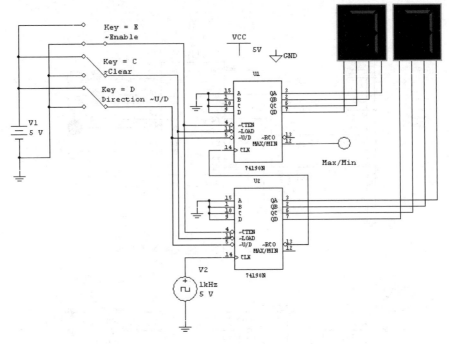

图 9.3.33　一百进制的加/减计数器电路

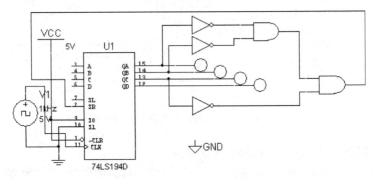

图 9.3.34　自启动的 4 位环形计数器电路

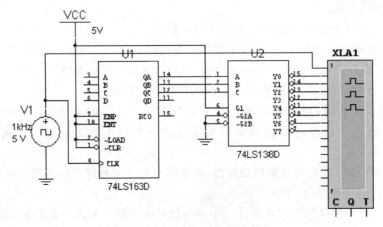

图 9.3.35　顺序脉冲发生器电路

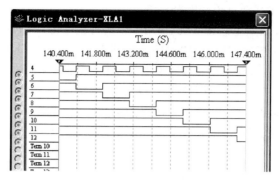

图 9.3.36　顺序脉冲发生器波形图

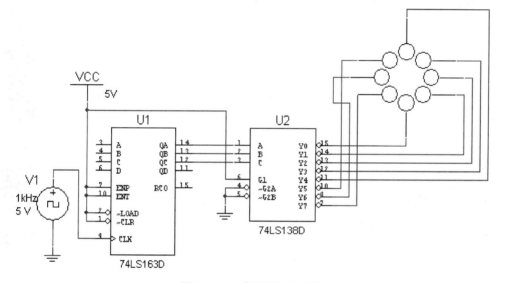

图 9.3.37　旋转彩灯电路图

解：用 4 位二进制同步计数器 74LS163D 和八选一数据选择器 74LS151D 构成序列信号发生器，如图 9.3.38 所示。计数器状态由译码显示器监视，数据选择器输出用逻辑探针监视。观察计数器输出状态与输出信号的对应关系。

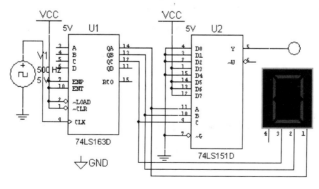

图 9.3.38　序列信号发生器

例 9.55 设计一个交通灯控制电路。

解：该电路用时序逻辑电路来实现，使用一个时钟频率为 0.5Hz 的 4 位计数器。绿灯亮 16s，然后黄灯亮 4s，接着红灯亮 12s，当计数器溢出（即输出 $Q_D Q_C Q_B Q_A$ 从 1111 变到 0000）时，红灯灭，绿灯亮。绿灯在计数器输出为 0000～0111 期间打开，黄灯在计数器输出为 1000～1001 期间打开，红灯在计数器输出为 1010～1111 期间打开。根据以上分析可列出绿、黄、红灯亮的逻辑表达式：

$$\text{Green} = \overline{Q_D}, \quad \text{Yellow} = Q_D \times \overline{Q_C + Q_B}, \quad \text{Red} = Q_D(Q_B + Q_C)$$

在实际应用中还需要一组置与之垂直方向的交通灯来与之共同完成交通指示，其绿、黄、红灯亮的逻辑表达式：

$$\text{Green} = Q_D, \quad \text{Yellow} = \overline{Q_D} \times \overline{Q_C + Q_B}, \quad \text{Red} = \overline{Q_D}(Q_B + Q_C)$$

根据逻辑表达式创建电路如图 9.3.39 所示。

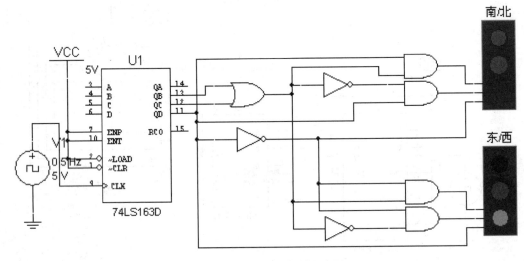

图 9.3.39 交通灯控制电路图

9.4 集成 555 定时器的应用

555 定时器是一种集模拟、数字于一体的中规模集成电路，其应用极为广泛。它不仅用于信号的产生和变换，还常用于控制与检测电路中。

9.4.1 用 555 定时器组成的施密特触发器

例 9.56 用 LM555CN 组成的施密特触发器，测试施密特触发器的功能。

解：电路如图 9.4.1 所示，LM555CN 组成施密特触发器，利用函数信号发生器分别产生频率为 1kHz，占空比为 50%，幅度为 $5V_{pp}$ 的正弦波、三角波和方波，作为输入信号。用示波器观察不同波形输入的情况下，输出的波形如图 9.4.2～图 9.4.4 所示。上面波形为输入波形，下面波形为输出波形。

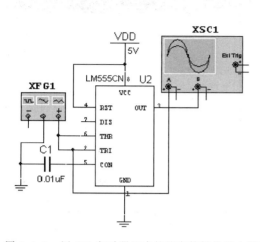

图 9.4.1 用 555 定时器组成的施密特触发器电路

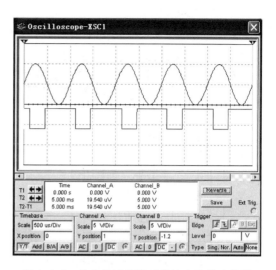

图 9.4.2 输入为正弦波时的输入和输出波形

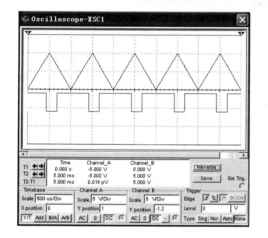

图 9.4.3 输入为三角波时的输入和输出波形

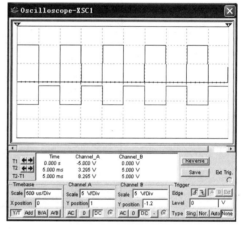

图 9.4.4 输入为方波时的输入和输出波形

9.4.2 用 555 定时器组成的单稳态触发器

例 9.57 用 LM555CN 组成的单稳态触发器,测试单稳态触发器的功能。

解:电路如图 9.4.5 所示为 LM555CN 组成的单稳态触发器,利用函数信号发生器产生频率为 1kHz,占空比为 90%,幅度为 $5V_{pp}$ 的矩形波(用正弦波也可,读者自行演示),作为输入信号。用 4 通道示波器观察输出的波形如图 9.4.6 所示,上面的波形为输入波形,中间的波形为 THR 点的波形,下面的波形为输出波形。

例 9.58 用 555Timer Wizard 生成单稳态触发器。

解:单击菜单 Tools→Circuit Wizards→555 Timer Wizard,出现 555Timer Wizard 对话框如图 9.4.7 所示。

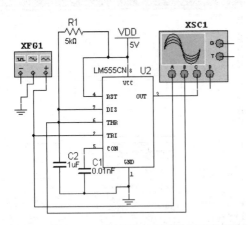

图 9.4.5 用 555 定时器组成的单稳态触发器电路

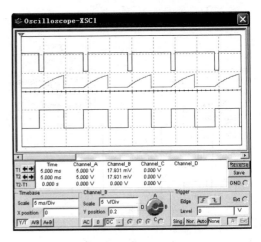

图 9.4.6 输入、THR 点、输出波形

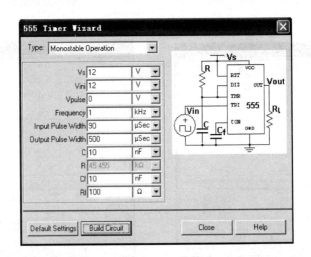

图 9.4.7 555Timer Wizard 对话框

Type(类型)：Monostable Operation 单稳态触发器的向导；Astable Operation 多谐振荡器的向导。Vs：输入电源电压；Vini：输入信号源的幅度；Vpulse：输入信号源的输出下限值；Frequency：输入信号源的频率；Input Pulse Width：输入信号脉冲的宽度；Output Pulse Width：输出信号脉冲的宽度；C：电容 C 的值；R：电阻的值；Cf：电容 Cf 的值；Rl：负载电阻的值。

单击 Build Circuit 按钮，即可生成所需的电路，如图 9.4.8 所示。利用 555Timer Wizard 生成单稳态触发器的工作波形，如图 9.4.9 所示。

9.4.3 用 555 定时器组成的多谐振荡器

例 9.59 用 LM555CN 组成多谐振荡器，测试多谐振荡器的功能。

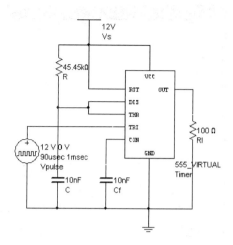

图 9.4.8 利用 555Timer Wizard 生成单稳态触发器

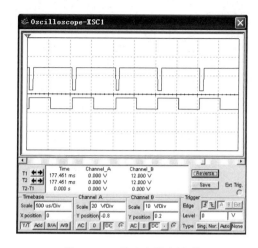

图 9.4.9 输入和输出波形

解：用 LM555CN 组成多谐振荡器，各元件参数如图 9.4.10 所示。用示波器观察输出波形和电容 C2 的充放电波形，如图 9.4.11 所示，上面的波形为输出波形，下面的波形为电容的充放电波形。

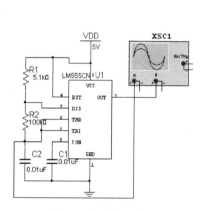

图 9.4.10 用 555 定时器组成的多谐振荡器

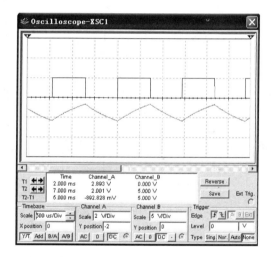

图 9.4.11 THR 点和输出波形

例 9.60 用 555 Timer Wizard 生成多谐振荡器。

解：在对话框中 Type 栏中选 Astable Operation 选项，输入电路的相关参数即可得到多谐振荡器。默认参数生成的多谐振荡器如图 9.4.12 所示。用示波器观测工作波形如图 9.4.13 所示。

例 9.61 用 555 定时器构成占空比可调的多谐振荡器。

解：电路如图 9.4.14 所示，图中用 D1 和 D2 两只二极管将电容 C1 的充放电电路分开，并接一电位器，来实现占空比的可调。打开仿真开关，不断按 A 键或 Shift+A 键，观察振荡输出信号波形变化，如图 9.4.15 所示。

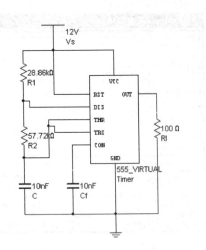

图 9.4.12 利用 555 Timer Wizard 生成多谐振荡器

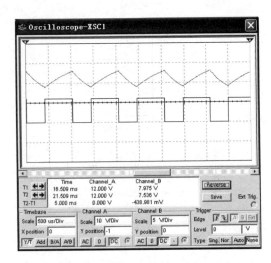

图 9.4.13 生成多谐振荡器的工作波形

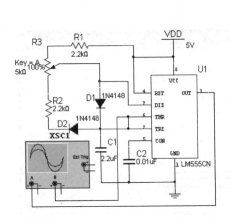

图 9.4.14 占空比可调的多谐振荡器

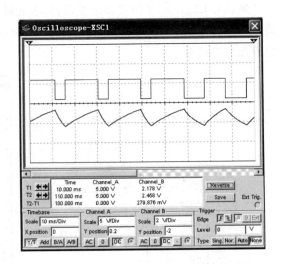

图 9.4.15 电容 C1 充放电和输出波形

9.5 数-模和模-数转换

计算机在自动控制、自动检测以及许多其他领域中的广泛应用,要求用数字电路处理模拟信号的情况也更加普遍,最后的输出还要求将处理后得到的数字信号转换成相应的模拟信号。

9.5.1 数-模转换器

实现数字量到模拟量的转换电路称为数模转换器(DAC)。目前常见的数-模转换器中,有权电阻网络数-模转换器、T 型电阻网络数-模转换器、倒 T 型电阻网络数-模转换器、权电流型数-模转换器、具有双极性输出电压的数-模转换器等。

例 9.62 设计一个权电阻网络数-模转换器,并设输入的数字量为 1101 时,输出的模拟电压值为多少?

解:电路如图 9.5.1 所示的权电阻网络数-模转换器,用模拟电子开关作为数字量 D3D2D1D0 的输入,当输入数字量为 1101 时,电压表的读数为 -4.062V 与理论计算所得出的结果:

$$V_0 = -\frac{V_{ref}R_5}{2^3 R_4}\sum_{i=0}^{3}(D_i \times 2^i) = -4.0625V$$

基本一致,电路实现了数-模转换。

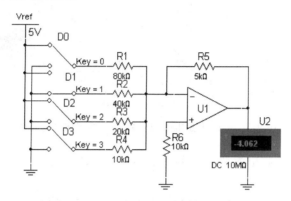

图 9.5.1 权电阻网络数-模转换器仿真电路图

例 9.63 设计一个 T 型电阻网络数-模转换器,并设输入的数字量为 1101 时,输出的模拟电压值为多少?

解:电路如图 9.5.2 所示的 T 型电阻网络数-模转换器,用模拟电子开关作为数字量 D3D2D1D0 的输入,当输入数字量为 0101 时,电压表的读数为 -0.519V 与理论计算所得出的结果:

$$V_0 = -\frac{V_{ref}}{3 \times 2^4}\sum_{i=0}^{3}(D_i \times 2^i) = -0.519V$$

基本一致,电路实现了数-模转换。

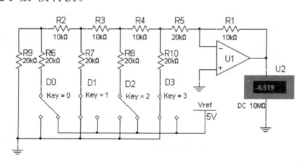

图 9.5.2 T 型电阻网络数-模转换器仿真电路图

例 9.64 设计一个倒 T 型电阻网络数-模转换器,并设输入的数字量为 1001 时,输出的模拟电压值为多少?

解：电路如图 9.5.3 所示的倒 T 型电阻网络数-模转换器，用模拟电子开关作为数字量 D3D2D1D0 的输入，当输入数字量为 1001 时，电压表的读数为 -2.809V 与理论计算所得出的结果：

$$V_0 = -\frac{V_{\text{ref}}}{2^n} \sum_{i=0}^{n-1}(D_i \times 2^i) = -2.8\text{V}$$

基本一致，电路实现了数-模转换。

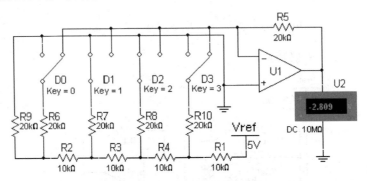

图 9.5.3 倒 T 型电阻网络数-模转换器仿真电路图

例 9.65 设计一个权电流型数-模转换器，并设输入的数字量为 1101 时，输出的模拟电压值为多少？

解：电路如图 9.5.4 所示的权电流型数-模转换器，用模拟电子开关作为数字量 D3D2D1D0 的输入，当输入数字量为 1101 时，电压表的读数为 -6.501V 与理论计算所得出的结果：

$$V_0 = \frac{R_1 I}{2^4} \sum_{i=0}^{3}(D_i \times 2^i) = 6.5\text{V}$$

基本一致，电路实现了数-模转换。其中 $I = 16\text{mA}$。

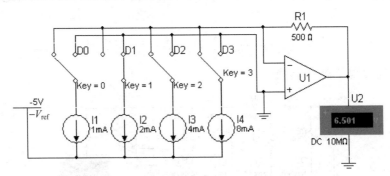

图 9.5.4 权电流型数-模转换器仿真电路图

例 9.66 设计一个具有双极性输出电压的数-模转换器，并设输入的数字量为 001 时，输出的模拟电压值为多少？

解：电路如图 9.5.5 所示的具有双极性输出电压的数-模转换器，用模拟电子开关作为数字量 D2D1D0 的输入，当输入数字量为 001 时，电压表的读数为 -2.997V。这与表 9.1 偏移 -4V 后的输出几乎一致。

表 9.1 具有偏移的数-模转换器的输出

绝对值输入			无偏移时的输出	偏移-4V后的输出
d_2	d_1	d_0		
1	1	1	+7V	+3V
1	1	0	+6V	+2V
1	0	1	+5V	+1V
1	0	0	+4V	0
0	1	1	+3V	-1V
0	1	0	+2V	-2V
0	0	1	+1V	-3V
0	0	0	0	-4V

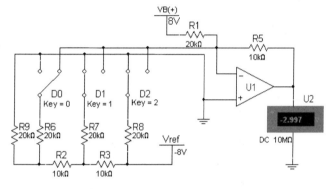

图 9.5.5 具有双极性输出电压的数-模转换器仿真电路图

例 9.67 用 Multisim 9 软件中的 VDAC 元件,设计一个数-模转换电路。

解：电路如图 9.5.6 所示,设参考电压 $V_{ref}=2.5V$,输入的数字量 11111111。根据 $V_o=\dfrac{V_{ref}\times D_n}{2^n}$,可得理论值 $V_o=2.49V$。电压表的读数为 2.499V,这与理论值相似。将输入的数字量依次从 D0D1D2D3D4D5D6D7 从高电平(+5V)1 扳到低电平(地)0,仿真结果如图 9.5.7 所示,可以看到最高位的权重最大。

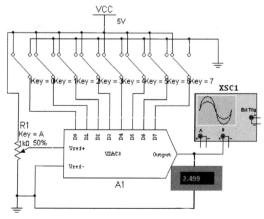

图 9.5.6 VD/AC 转换电路

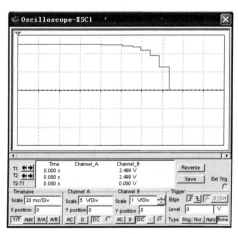

图 9.5.7 VD/AC 转换电路仿真结果

9.5.2 模-数转换器

实现模拟量到数字量的转换电路称为模-数转换器（ADC）。模拟信号经过取样、保持、量化和编码4个过程就可以转换为相应的数字信号。

例 9.68 设计一个3位并联比较型模-数转换器。

解：电路如图9.5.8所示，它主要由比较器、分压电阻链、寄存器和优先编码器4个部分组成，用50kΩ的电位器组成模拟量的输入端，输出得到的数字量通过数码管显示。若输入的模拟量为2.5V，数码管显示为1。当输入超出正常范围，输出保持为111不变。

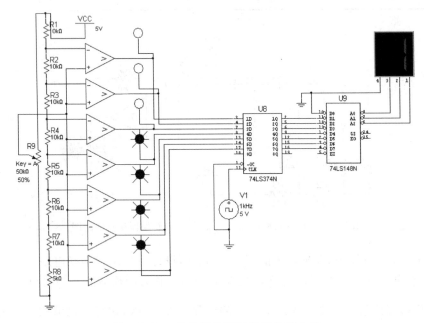

图9.5.8　3位并联比较型模-数仿真电路

例 9.69 用 Multisim 9 软件中的 ADC 元件，设计一个模-数转换电路。

解：电路如图9.5.9所示，输入的模拟信号是通过1kΩ的电位器调节的，连接好电路后，将 OE 引脚由低电平置高，发出转换命令，通过逻辑探针显示转换出来的数字量。当输入的模拟量为4V时，根据公式 $\dfrac{5}{V_{in}} = \dfrac{255}{C_{in}}$，$V_{in} = 4V$ 则 $C_{in} = 204$。204转换成二进制数为11001100，与逻辑探针显示的一致。

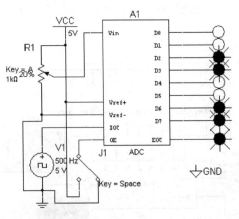

图9.5.9　模-数转换电路及仿真结果

第 10 章

3D实验系统

在 Multisim 9 环境中还提供了 3D(Three Dimensional)器件、3D 实验板(面包板)和 3D 仪器等,由它们组成的 3D 电路图临场感更强。

10.1 3D 器件的应用

10.1.1 3D 元器件工具栏

在虚拟元件工具栏的最右侧是 3D 图标,单击此图标 3D 元器件工具栏如图 10.1.1 所示,从左向右依次是 NPN 型三极管、PNP 型三极管、$100\mu F$ 电容、10pF 电容、100pF 电容、74LS160N、二极管、$1.0\mu H$ 电感 1、$1.0\mu H$ 电感 2、红色发光二极管、黄色发光二极管、绿色发光二极管、3 端 MOSFET、直流马达、741 系列、$1\sim 5k\Omega$ 电位器、四与门集成电路、$1k\Omega$ 电阻、移位寄存器 74LS165N 和开关。

图 10.1.1 3D 元器件工具栏

10.1.2 计数器的 3D 实现

(1) 按图 10.1.2 在 3D 器件族 中和基本元器件库中提取相应的器件,并连接。

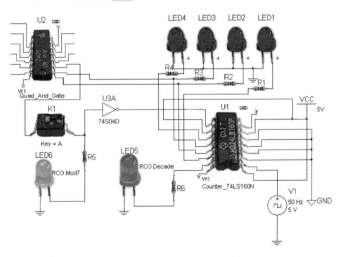

图 10.1.2 3D 计数器的仿真电路

(2) 修改元器件标号,其中:开关用 A 键控制;所有发光二极管的 Value 参数为 On;Current 设置为 1mA;Forward Voltage Drop 设置为 0.7V;时钟信号由时钟信号源提供,频率设置为 50Hz。

(3) 电路为 74LS160N 计数器的实际应用,开关 K1 控制十进制、七进制计数器转换,LED6 闪烁说明电路工作于七进制,LED5 闪烁说明电路工作于十进制。

(4) 运行仿真,切换 K1 观察 LED 的闪烁情况。

10.2 3D 实验板(面包板)

面包板是一种使用元器件安装电路的实验用电路板,它是一种具有多孔插座的插件板,复杂电路、多引脚元器件均可使用,内有部分规则的连接线,主要用于组装新设计的电路。由于不需焊接,所以既方便电路的改接,又不损坏元器件。

Multisim 9 提供的面包板仿真程序,不仅具有真实面包板的上述功能,而且能提高使用者根据电路原理图组装实际电路的能力。

10.2.1 建立面包板

1. 面包板的设置

执行 Tools→Show Breadboard 命令或单击设计工具栏中的 ▦ 按钮,在另外打开的面包板窗口中,显示出默认形式的面包板,如图 10.2.1 所示。

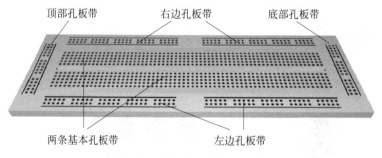

图 10.2.1 默认形式的面包板

默认形式的面包板包含两条基本孔板带、顶部孔板带、底部孔板带、右边孔板带和左边孔板带。其中间的基本孔板每条约有 64 个插座,每插座有 5 个插孔,其内部是连通的。而其他孔板带夹在两条红蓝线之间的沿红蓝线方向的所有插孔是相连的。

根据电路使用元器件的多少,可以自行设置面包板,步骤如下:

(1) 执行 Options→Breadboard Settings 命令或单击设计工具栏中 ▦ 按钮,打开面包板的设置对话框,如图 10.2.2 所示。

(2) 修改对话框中的选项,然后单击 OK 按钮。面包板即按设置要求改变。

另外,在面包板视窗中不仅显示面包板,还可以显示信息展示框和组件暂存处,如图 10.2.3 所示。

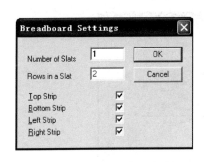

图 10.2.2　面包板设置对话框

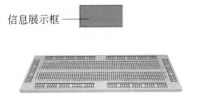

图 10.2.3　面包板信息展示框和组件暂存处

2. 面包板的操作

对面包板的操作包括改变面包板的大小、面包板的旋转和移动。

1) 改变面包板的大小

（1）放大面包板的方法有 4 种：执行菜单栏 View→Zoom in 命令；使用 F8 键；单击工具栏按钮 🔍；推转鼠标中间轮。

（2）缩小面包板的方法有 4 种：执行菜单栏 View→Zoom out 命令；使用 F9 键；单击工具栏按钮 🔍；推转鼠标中间轮。

（3）全幅度显示的方法是，执行 View→Zoom Full 命令。一般用于使面包板恢复为默认状态。

2) 面包板的旋转和移动

（1）旋转 180°的方法有 4 种：执行菜单栏 View→Rotate 180 Degrees 命令；使用 Shift+R 键；单击工具栏按钮 。

（2）旋转任意角度的方法有两种：在面包板窗口中，当鼠标呈 ✥ 形状时按下鼠标左键，移动鼠标即可控制面包板作任意角度的旋转；在面包板窗口中，当鼠标呈 ✥ 形状时，单击键盘上的 ↑ 键、↓ 键、← 键和 → 键进行任意角度的旋转。

（3）移动面包板的方法有两种：在按 Shift 键的同时，单击键盘上的 ↑ 键和 ↓ 键可使面包板上、下移动，← 键和 → 键可使面包板左、右移动；在按 Ctrl+Shift 键的同时拖动鼠标，移动面包板。

3. 3D 选项

在面包板视窗的菜单栏中执行 Options→Preferences 命令，并打开 3D options 选项卡，如图 10.2.4 所示，可以改变 3D 显示。

① Background color（背景颜色）：单击打开标准颜色对话框，可选择背景颜色。

② Show Target Holes（显示目标孔）：在安置跨接线时，可不显示目标孔，不选此项。

③ Show Completion Feedback（显示完成反馈）：若不想显示的元器件和连接线改变颜色，可不选此项。

④ Info Box（信息展示框）：若不希望显示信息框，可不选此项。

- Left：信息框置于窗口的左上角；

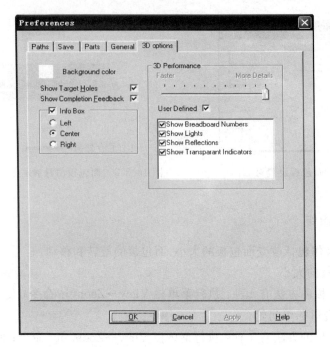

图 10.2.4　Preferences 对话中的 3D options 选项卡

- Center：信息框置于窗口上方中间；
- Right：信息框置于窗口的右上角。

⑤ 3D Performance（3D 特性框）：移动滑块可改变 3D 视图性能。滑块右移，显示更加精细，但导致屏幕刷新速率降低。

⑥ User Defined（用户自定义选项）：用户自己选择。若不选这些项目，就不会具有体现立体视图的 3D 特性，但可以提高屏幕刷新速率。

- Show Breadboard Numbers：显示面包板插孔编号。
- Show Lights：显示光。
- Show Reflections：显示反射光。
- Show Transparent Indicators：显示传输指示。

10.2.2　创建 3D 面包板电路

1. 在面包板上放置元器件

1）在面包板上放置组件的步骤和说明

（1）先在 Multisim 的工作区创建电路，或者打开原有的电路图。

（2）按上述方法之一启动面包板。在面包板的视窗中元器件的暂存处就会陈列出该电路中所有的 3D 元器件，但直接看到的仅有 3 个，其中居中的一个被放大，下面的信息框标出该器件的属性。若将鼠标指向某一器件，面包板上面的元器件框显示出该器件的属性，如图 10.2.5 所示。

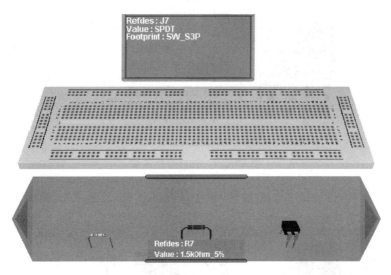

图 10.2.5　创建(或输入)电路后的面包板

（3）元器件暂存处两端分别有一个深绿色三角,用鼠标单击左端或右端三角,三角区会变成亮丽的草绿色,同时所有组件左移或右移一个位置,移到中间位置的器件被放大并变成深红色,而下面的信息框标出的是该器件的属性。利用这两个三角,可以搜索到该电路的所有器件。

（4）双击处于中间位置的器件,该器件被取出(或者用左键按住该器件将其移出),其位置被其他器件取代。移动鼠标被取出的器件随之移动。当该器件移到面包板的安装孔附近时,该孔外部变为红色,而内部与该孔相连的其他孔的外部则变为草绿色,如图 10.2.6(a)所示。单击(或释放)左键,该器件被插入面包板中,并恢复原有的形态和颜色,如图 10.2.6(b)所示。但器件被放置到面包板后,电路图中的该器件就变为绿色,如图 10.2.6(c)所示。

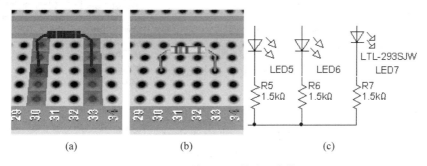

图 10.2.6　放置电阻的过程变化

（5）面包板的基本孔带是 5 个一组内部相连的,利用这一特点放置器件时使相连的器件引脚放入相连的孔带中,可减少附加连接线的使用,如图 10.2.7 所示。

（6）为了减少附加接线和使面包板上器件的放置更优化,从组件暂存处取出的器件常常需要进行左右的位置调换。首先,单击鼠标左键选中待旋转的器件,此时该器件变为深红色。然后,在面包板的主菜单中执行 Edit→ 90 Clockwise(或 90 CounterCW)命令或者使用快捷键 Ctrl+R(或 Ctrl+Shift+R)进行翻转,如图 10.2.8 所示。按照上述的方法

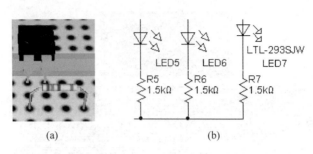

图 10.2.7 元件自然连接

再作一次 90°的旋转,即完成 180°的旋转,单击选好的位置,放置 R7。此时 R7 与 LED7 的连接变为如图 10.2.9 所示。

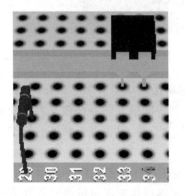
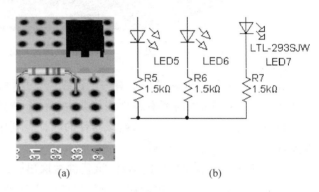

图 10.2.8 电阻在面包板上旋转 90°　　　　图 10.2.9 电阻旋转后与 LED7 的连接

另外,为了更好地看清每个器件的引脚排列和连接情况,常常需要对面包板进行旋转,旋转的方法参照前面面包板的操作。以要查看 LED7 的引脚和连接情况为例,把面包板旋转 180°。如图 10.2.10 所示,这样就能看到 LED7 的另外一个引脚。

(7) 当暂存处所有的器件都被放置在面包板上之后,暂存处收缩为一段蓝色短条,表明放置过程结束。面包板如图 10.2.11 所示。

2) 器件的 3D 外形

元器件在面包板视图中呈现的外形,决定于创建电路图时从元器件库提取时对引脚类型项的选择。元器件选择对话框中的引脚类型如图 10.2.12 所示。

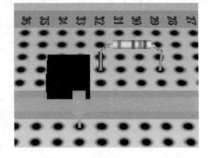

图 10.2.10 旋转 180°的面包板

(1) 大多数元器件的外形图是唯一的,因而在提取时不需选择,面包板显示的外形和真实组件完全一样。例如电解电容、二极管和集成电路等。

(2) 有些虚拟元器件、3D 元器件和一些信号源的引脚类型是空缺的,用深蓝色立方形代替。例如数码管、交流电源和电流表的 3D 视图,如图 10.2.13 所示。

3) 已安装器件的拆除

当要拆除在面包板上已放置的元器件时大致有两种方法:

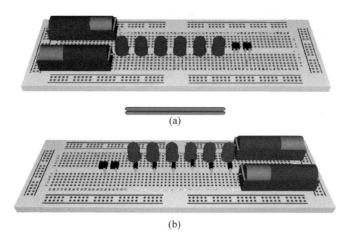

图 10.2.11　器件放置完毕的面包板

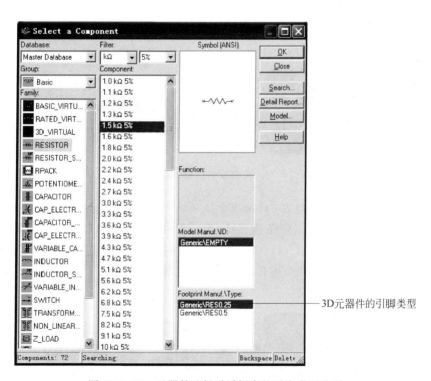

图 10.2.12　元器件选择对话框中的引脚类型选项

图 10.2.13　数码管、交流电源和电流表的 3D 视图

（1）单击待拆除的元器件，该件变为深红色，然后按 Del 键或者执行 Edit→Delete 命令，该器件自动回到组件暂存处。

（2）用鼠标左键按住待拆除的元器件，移动鼠标把元器件放置在新的位置或直接移动鼠标把该件放回组件暂存处。

2. 元器件的连接

利用面包板相连的孔有些元器件的引脚已经连上，但大部分引脚还需用导线连接，因此安置跨接线是必要的。

1）放置跨接线

在面包板视窗中，通常鼠标呈正交的带箭头蓝色椭圆弧线 形状。当靠近面包板的插孔时，又会自动变成深蓝浅蓝双色电线插头 形状，用于连接跨接线。放置跨接线步骤如下：

（1）将鼠标移向欲连接的某一插孔（例如电源的负极，即接地），该插孔变为红色，按下鼠标左键而与该插孔相连的面包板上的其他插孔都变为草绿色，这成为目标提示作用。如图 10.2.14 所示，所有接地点被提示出来。

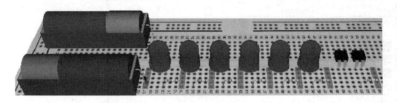

图 10.2.14　面包板的目标"地"提示功能

注意：要想有目标提示功能在 3D 选项中必须选中 Show Target Holes（显示目标孔）。

（2）移动鼠标从该插孔拉出一条连接线，到一接地点，此点变为红色按下鼠标左键，完成一条跨接线的连接。重复以上（1）、（2）过程，完成所有接地点的连接。然后把鼠标再次移到电源的负极按下左键，检查是否还有接地点没有连接。如图 10.2.15 所示，没有提示的接地点，说明所有接地点连接完成。

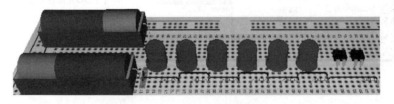

图 10.2.15　所有接地线连接完毕

（3）在连接时也常常增加连接点，可使跨接线的排列更加规矩，但会使跨接线增多。如图 10.2.16 所示，红色圆圈中的连接点为增加的连接点。

2）改变跨接线的颜色

改变跨接线的颜色，可以方便电路的连接、观察和检查。改变跨接线的方法如下：

（1）执行 Edit→Breadboard Wire Color 命令或单击设计工具栏中的　按钮，打开

图 10.2.16　在面包板上增加连接点

Colors 对话框,选择要使用的颜色,并单击 OK 按钮确认。再添加跨接线时,跨接线的颜色就为选定的颜色。

(2) 用鼠标右键单击选中跨接线,弹出处置命令 Change Wire Color,打开 Colors 对话框,选择要使用的颜色,并单击 OK 按钮确认。完成被选定跨接线颜色的改变。也可和 Alt 键配合使用同时完成多条被选中跨接线颜色的改变。

3) 跨接线的拆除

如果发现已放置的跨接线有错或位置不恰当,可将其拆除。方法是先选中待拆除的跨接线,再按 Del 键或者执行 Edit→Delete 命令,选中的跨接线被拆除。

3. 完整 3D 面包板电路图

完成元器件放置和跨接线连接以后,完整的 3D 面包板电路图如图 10.2.17 所示。

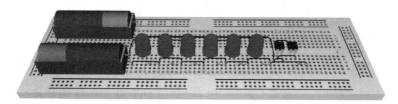

图 10.2.17　完整的 3D 面包板

返回电路图窗口,电路中的所有连接线都变为草绿色,如图 10.2.18 所示。

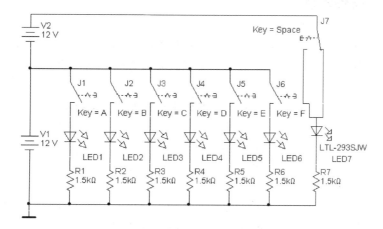

图 10.2.18　3D 面包板完成后的电路图

10.2.3 查看元器件信息

1. 查看一个元器件的信息

在面包板上查看一个元器件的信息的操作如下：

（1）将鼠标移到要查看的元器件上时，信息框中显示该元器件的 Refdes（参考编号）、Value（型号或参数值）和 Footprint（引脚数等），如图 10.2.19（a）所示。

（2）当将鼠标指向该元器件的某一引脚时，信息框中的显示又增加了 Pin Name（引脚名称或功能）和 Net（节点编号）两项，如图 10.2.19（b）所示。

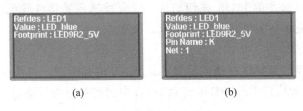

图 10.2.19　信息框中的信息显示

（3）对于像电阻器一类的两端口无方向性的元器件，如果根据电路图中已有的引脚名称连接错误时，其引脚名称（编号）将自动交换。

2. 查看电路图中全部元器件的引脚名称

在电路原理图窗口中，执行 Options→Sheet Properties 命令，在打开的 Sheet Properties 对话框中选择 Circuit 选项卡。选中 Pin names 选项，然后单击 OK 按钮确认。所有元器件的引脚名称显示在电路图中。

10.2.4 显示面包板网表

在面包板视窗中，执行 Tools→Show Breadboard Netlist 命令或单击设计工具栏中的 按钮，面包板网表如图 10.2.20 所示。可以选择面包板网表中的 Save 按钮，将其保存为 .txt 文件。

注意：网表中所列的是面包板的连接，并不一定在电路图里编号。

10.2.5 设计规则和连接性检查

执行 Tools→DRC and Connectivity Check 命令或单击设计工具栏中的 按钮。进行设计规则和连接性检查，检查结果即在电子表格的检查结果（Results）选项卡菜单中，如图 10.2.21 所示。

其中：

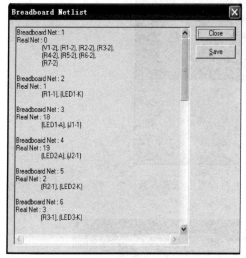

图 10.2.20　面包板网表

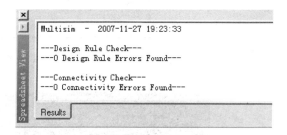

图 10.2.21　电子表格的检查结果翻页菜单

Design Rule Check(设计规则检查)：指电路图中没有的面包板连接。
Connectivity Check(连接性检查)：指未按电路图规定连接指定的引脚。

10.3　3D 仪器的应用

3D 仪器被放置在仪器工具栏中，此工具栏中有 3 种安捷伦公司(Agilent)和 1 种泰克公司(Tektronix)的共 4 个 3D 仪器。如图 10.3.1 所示，图中红色圈中的为 3D 仪器，从左至右分别为安捷伦公司的函数信号发生器、万用表、示波器和泰克公司的示波器。它们的面板布局和使用方法与真实仪器完全一样。

图 10.3.1　仪器工具栏

下面以 3D 双向限幅电路为例介绍 3D 仪器的应用。按图 10.3.2 构建实验电路，设置输入信号为蓝色线，输出信号为红色线。双击安捷伦函数信号发生器，按下此仪器的电源开关，参数设置为频率为 1kHz、20Vpp 的正弦波，如图 10.3.3 所示。然后进行电路的仿真，此时双击安捷伦示波器并打开电源开关，调整相关功能按钮得到清晰稳定的波形如图 10.3.4 所示，蓝色波形为输入的正弦波，红色的为输出的双向限幅波形。

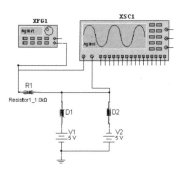

图 10.3.2　3D 双向限幅电路图

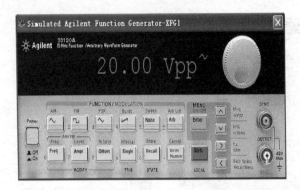

图 10.3.3　安捷伦函数信号发生器设置的仿真参数

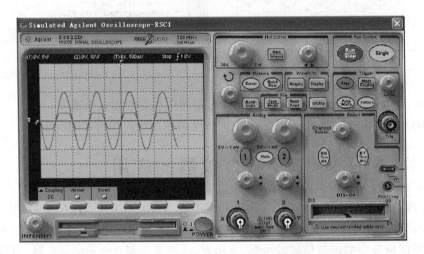

图 10.3.4　安捷伦示波器显示的仿真波形

第 11 章

Multisim 9在电子技术课程设计中的应用

Multisim 9 是一个较完整的 EDA 集成系统,可以完成电路的设计和仿真等,是一个非常人性化的设计环境,它设备齐全、元器件丰富、实验效率高、成本低。基于以上的特点在电子技术课程设计中引入 Multisim 9,对设计的电路进行仿真和验证,增强理论和实践相结合的能力,减少器件消耗,节省资金,得到和实际焊接电路相同的效果。

11.1 双向流动彩灯控制器的设计

11.1.1 设计的主要性能及设计要求

(1) 控制五路彩灯,每路以 100W、220V 的白炽灯为负载(或在实验中以发光二极管为负载)。
(2) 要求彩灯双向流动点亮,其闪烁频率在 1~10Hz 内连续可调。
(3) 可实现两种控制方式:电路控制和音乐控制(由音频信号发生器给出,选做)。
(4) 逻辑电路采用集成电路。
(5) 应用 Multisim 9 进行仿真。

11.1.2 方案的选择和电路原理

1. 方案的选择

彩灯控制可以采用两种方法实现。一种是采用微机控制,优点是编程容易,控制的图案花样多,还可以随时因场地及气氛而改变,需增加的外接电路简单。另一种是利用电子电路装置控制,其电路简单、易懂,制作和调试容易,成本也较低。

本设计中采用电子电路装置控制。

2. 彩灯控制的基本工作原理

彩灯控制的原理框图如图 11.1.1 所示。

市电 220V 通过可控硅器件 SCR 加至各彩灯 ZD_1、ZD_2……两端,当可控硅导通时,彩灯被点亮,否则熄灭。可控硅的导通与否是由其控制极是否加入触发信号来决定的。这些

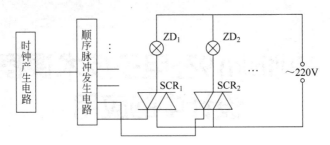

图 11.1.1 彩灯控制电路框图

触发信号是由顺序脉冲发生电路给出的。时钟发生器产生的时钟脉冲 CP 送入顺序脉冲发生电路。随着时钟脉冲的不断输入,顺序脉冲发生电路的各输出端依次变为高电平,形成时序控制信号。时序控制信号经驱动电路送入可控硅的控制极,使各可控硅依次导通,于是各彩灯被依次点亮。

由上可见,彩灯的变化完全是由顺序脉冲发生电路输出的时序控制信号决定的,改变时序控制信号,即脉冲的产生顺序或周期等,就可以控制各个彩灯的点亮时间和顺序。所以说,顺序脉冲产生电路是彩灯控制的关键电路。

3. 电路的分析与设计

1) 总体电路的确定

根据设计要求和原理中介绍的彩灯控制电路的基本组成,可以确定彩灯控制器应包含时钟发生器、顺序脉冲产生电路、可控硅触发电路和直流电源等组成部分。

2) 单元电路的分析与设计

(1) 时钟发生器电路的设计。

时钟信号可以由门电路或 555 定时器构成的多谐振荡器产生。本设计的电路的时钟发生器,是由 555 定时器及其外接元件 R_2、R_1、C_1 组成的典型自激多谐振荡器。如图 11.1.2 所示,电位器 R_3 用来调节振荡频率,以改变彩灯流动点亮的速度。

彩灯控制电路时钟频率通常都较低,最高也不超过数十赫兹,最低可达到零点几赫兹。设计时,电容 C_1 的容量要取得大一些(几微法拉以上),以减小分布

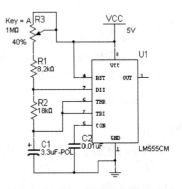

图 11.1.2 时钟发生器的单元电路

电容的影响。如果由门电路构成的多谐振荡器来产生时钟信号,最好在振荡器的输出端接入非门,以对输出的振荡信号进行整形。

(2) 顺序脉冲发生电路的设计。

顺序脉冲发生电路在时钟信号的作用下,能输出在时间上有先后顺序的脉冲。它通常是由计数器与译码器组成。

采用的计数器应具有加法和减法计数的功能,以便为改换彩灯点亮的方向提供方便。具有这种计数功能的计数器很多,比如 4510、4029 等。本次设计采用 4510 做计数器,4510 为十进制加/减计数器(四位码 BCD 输出),并且带负载能力强,能输出较大的驱动电流。

译码器的选择要和所采用计数器相配合,因为计数器的输出端是和译码器的输入端直接相连的。本设计采用4028,它是4线-10线译码器,当输入为4位BCD码时,该译码器10个输出端的对应端变为高电平。

根据以上的分析和器件的选择,顺序脉冲发生电路的电路图如图11.1.3所示,图中C_5、R_6组成微分电路,接至计数器清零端CR,以便在开机时,使清零端得到一个高电平脉冲,使计数器清零。CLK脉冲由时钟发生器单元电路的3端输出引入。在4510计数器中,U/D端加高电平进行加计数,加低电平进行减计数,输出端为Q1Q2Q3Q4。计数器的输出端加在译码器的输入端,译码器输出端直接与彩灯电路连接。由于4028有10个输出端,所以它最多可以控制10路彩灯。本设计只需控制5路彩灯,故4028只需5个输出端Q0Q1Q2Q3Q4,这5个输出端即可控制5路彩灯点亮顺序。

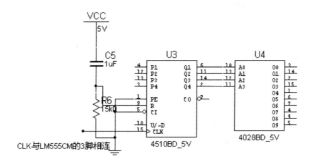

图11.1.3 顺序脉冲发生器单元电路

(3) 可控硅输出电路的设计。

可控硅是有控制极的可控整流器件。它的导通要同时具备两个条件:阳极和阴极间加正向电压,控制极输入正向(相对阴极)触发脉冲。要关断已经导通的可控硅,应该把可控硅的阳极电流减小到维持电流以下才行,因此,电源电压过零时可控硅被关断。

在彩灯控制电路中,应用更广泛的是双向可控硅,它相当于把两个相同的可控硅反向并联起来。它用于交流控制电路中时(只要控制极加有触发信号时),在交流电的正、副半周均可以被导通。

双向可控硅的符号,如图11.1.4所示。它仍有3个极,分别是第一阳极、第二阳极和控制极。它和单向可控硅的主要区别是,只要控制极加有触发信号,无论第一阳极和第二阳极间的电压为正或为负,它均能导通。

在可控硅输出电路中,译码器的输出信号作为可控硅控制极的触发脉冲,为了增大输入到可控硅控制极的触发电

图11.1.4 双向可控硅的符号

流,插入了一级三极管射极输出器。当译码器某输出端为高电平时,使对应的三极管射极输出器导通,于是其射极有电流产生,通过75Ω电阻加到可控硅的控制极,则对应的双向可控硅就导通,使该路彩灯点亮。

① 双向可控硅的选取。

可控硅导通,点亮对应的彩灯。由此选取可控硅要根据负载电流的大小确定。可控硅的两个参数——额定电压和额定电流是选取可控硅的重要依据,选取的基本原则是:

- 可控硅额定电压必须大于元件在电路中实际承受的最大电压。考虑到电源电压波动等因素,一般选取可控硅的额定电压要等于电路实际承受电压的2～3倍。
- 可控硅的额定电流要大于实际流过管子的电流的最大值。可控硅的电流过载能力很差,带电阻性负载时电路还会有较大的启动电流,因此选择可控硅时要留有充分的余地。工程上,一般选取其额定电流值为电路中流过管子最大电流的1.5～2倍。

双向可控硅在电路中承受的电压,U=220V 即电源电压,则额定电压应选大于2U,$U_{额} \geqslant 440V$,流过其的实际电流 $I = \dfrac{100W}{220V} = 0.46A$,即额定电流不应低于2I,$I_{额} \geqslant 2 \times 0.46A = 0.92A$。本设计选双向可控硅的型号为2N5567。

② 双向可控硅的触发电路由三极管射极输出器组成。三极管和发光二极管的选取如下:

选取 3DG12 为组成射极输出器的三极管。参数为:$V_{(BR)CBO} \geqslant 60V$;$I_{CM} = 50mA$;$\beta \geqslant 25$;$V_{(BR)EBO} \leqslant 4V$;$V_{(BR)CEO} \leqslant 55V$,电路中 $I_b = \dfrac{5V}{50k\Omega} = 0.1mA$;$\beta \geqslant 25$,则 $I_e \geqslant 2.5mA$,取 $\beta = 30$,$I_e = 3mA$,查手册,选取 2EFR51 发光二极管。参数为:$V_{BR} \geqslant 5V$;V_F 标准值1.6V;最大值2V;$I_{FM} = 50mA$。

根据以上的分析,可控硅输出电路如图 11.1.5 所示。

(4) 彩灯点亮方向控制器电路的设计。

使彩灯点亮的方向改换的电路有一个三极管反相器、积分电路和 D 触发器组成,电路如图 11.1.6 所示。

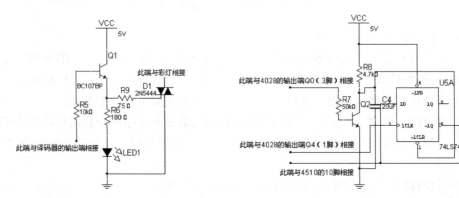

图 11.1.5 可控硅输出电路 　　　　图 11.1.6 彩灯点亮方向控制器电路

由 Q2 组成的反相器输入端由 4028 译码器的输出引入。当 Q0 为高电平时,反相器输入给 D 触发器的 1CLR 端为低电平,D 触发器输出 $\overline{Q}$ 为高电平,此信号送给 4510 的 U/D 端(10 脚),4510 的 U/D 端为高电平,则计数器进行加计数;Q0 为低电平时,D 触发器的 1CLR 端为高电平,直到 Q4 为高电平给 D 触发器 CP 脉冲,触发器翻转,计数器进行减计数,彩灯方向变化。变化规律为:

$$Q0 \rightarrow Q1 \rightarrow Q2 \rightarrow Q3 \rightarrow Q4 \rightarrow Q3 \rightarrow Q2 \rightarrow Q1 \rightarrow Q0 \rightarrow Q1 \cdots$$

图 11.1.6 中,积分电路充放电时间应略小于振荡周期。$R_7 C_4 \leqslant T = 0.1s$;$C_4 = 21.2\mu F$,取 $C_4 = 22\mu F$,D 触发器选 74LS74 芯片。

(5) 直流稳压电源电路的设计。

在电子设计中,直流稳压电源电路的设计是不可缺少的。应采用变压器和整流桥将

220V 的交流电变为较低电压的直流电,考虑到电压波动等因素,需再加一个三端稳压器保持输入电路的电压恒定,以稳定地给电路供能使之连续工作。

以上电路图中的 VCC 为直流电+5V,芯片上所加电压不宜过高,采用的三端稳压器型号为 7805,输出恒定的+5V 电压,并在两端增加滤波电容。完整直流稳压电源电路如图 11.1.7 所示。

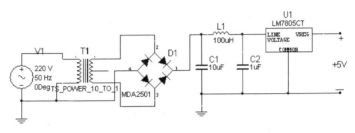

图 11.1.7　直流稳压电源电路

11.1.3　应用 Multisim 9 进行仿真和验证

以上 5 个单元电路设计完成后,可以用 Multisim 9 进行仿真和验证。在仿真过程中可用虚拟元件,部分参数可由用户根据需要自行确定,且虚拟元件无元件封装,故制作印刷电路板时,虚拟元件将不会出现在 PCB 文件中。下面以放置现实元件为例来说明放置元件的过程。

1. 对直流稳压电源电路设计的仿真和验证

在 Multisim 9 的工作区中创建电路如图 11.1.8 所示,用数字万用表测量直流稳压电源输出的电压,数字万用表的读数为 5.003V。因此证明了电路设计的正确性。

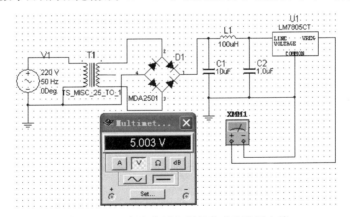

图 11.1.8　直流稳压电源的仿真和验证电路

2. 对时钟发生器电路设计的仿真和验证

电路设计要求彩灯双向流动点亮,其闪烁频率在 1~10Hz 内连续可调,在仿真时可测 2 个频率,最高的 10Hz 和最低的 1Hz。两者的测试方法完全相同,把示波器接在 LM555CM

的输出 OUT 端上测量输出波形的参数。以测 10Hz 为例,把电位器 R3 调到 0%,电路图如图 11.1.9 所示,从图中可读出其闪烁频率大约为 10Hz。

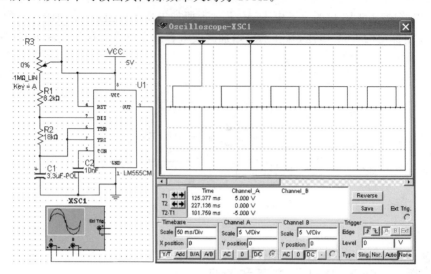

图 11.1.9 时钟发生器电路的仿真和验证

3. 对彩灯点亮顺序和方向控制电路的仿真和验证

为了验证方便和直观,如图 11.1.10 所示用逻辑电平指示灯 X1X2X3X4X5 来指示 4028 的输出端 Q0Q1Q2Q3Q4 的高、低电平。按图创建电路,打开仿真开关。逻辑电平指示灯按 X1→X2→X3→X4→X5→X4→X3→X2→X1→X2…的规律依次点亮。

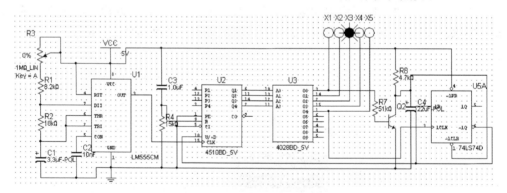

图 11.1.10 彩灯点亮顺序和方向控制电路的仿真和验证

4. 对整体电路的仿真和验证

在以上环节已经验证和调试完毕的基础之上,把电路的可控硅输出电路的输入端接在 4028 的输出端 Q0Q1Q2Q3Q4 上,打开仿真开关验证电路信号的正确性。确认无误后去掉逻辑电平指示灯,设计完毕。完整的双向流动彩灯控制器的仿真电路如图 11.1.11 所示。

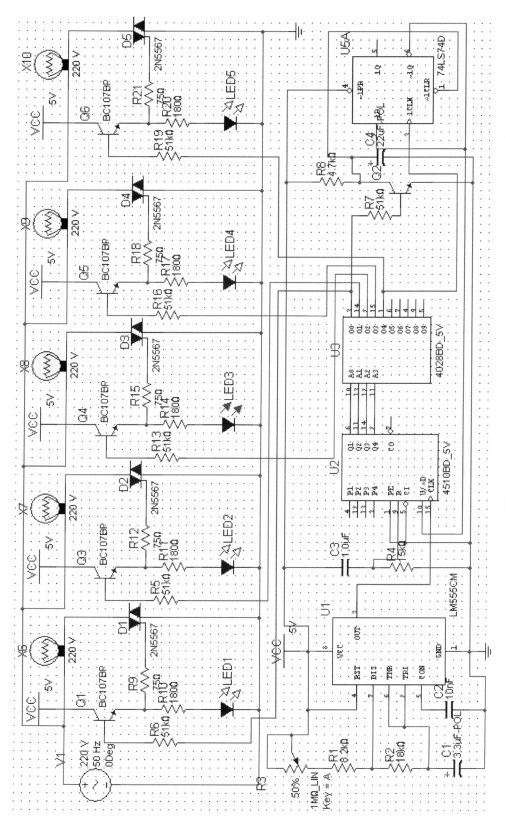

图 11.1.1.11 整体电路的仿真和验证

5. 总体电路的分析与改进

本设计采用电路控制的方式实现,彩灯双向流动点亮。要对其进行音乐控制,则需进行一下改进。

将音频信号发生器发出的音频信号,注入计数器的时钟输入端,使计数器计数(通过音频信号频率的改变来控制计数器),这样电路仍像电路控制方法中分析的,来逐步实现对译码器、可控硅触发电路的控制,最终实现所需要的彩灯双向流动点亮的效果。

11.2 电子技术课程设计题目和要求

参照双向流动彩灯控制器的设计和仿真过程,以下几个电路的设计和仿真由读者自行完成。

11.2.1 直流稳压电源与充电电源的设计

1. 直流稳压电源与充电电源的主要技术

(1) 输入电压。3V、6V 两挡,正负极性可以转换。
(2) 输出电流。额定电流为 150mA;最大电流为 500mA。
(3) 额定电流输出时,$\Delta U_o/U_o$ 小于 $\pm 10\%$。
(4) 能对 4 节 5 号或 7 号可充电电池"慢充"或"快充"。慢充的充电电流为 50～60mA;快充的充电电流为 110～130mA。

2. 设计原理与参考电路框图

整体电路框图如图 11.2.1 所示。

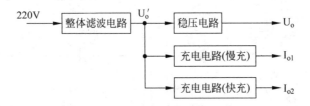

图 11.2.1 整体电路框图

(1) 整流滤波电路采用桥式整流电容滤波电路。
(2) 稳压电路采用带有限流型保护电路的晶体管串联型稳压电路。
(3) 充电电路采用两个晶体管恒流源电路。

11.2.2 电冰箱保护器的设计

1. 设计内容及要求

(1) 设计制作电冰箱保护器,使其具有过压、欠压、上电延时功能。

(2) 电压在 180～250V 范围内正常供电,绿灯指示,正常范围可根据需要调解。

(3) 欠压、过压保护:当电压低于设定允许最低电压或高于设定允许最高电压时,自动切断电源,且红灯指示。

(4) 上电、欠过压保护或瞬间断电时,延时 3～5min 才允许接通电源。

(5) 负载功率＞200W。

2. 设计原理与参考电路框图

电冰箱保护器有电源采样电路,过压、欠压比较电路,延迟电路和控制电路等几部分组成,如图 11.2.2 所示。

图 11.2.2　电冰箱保护器原理框图

在电源电路及采样电路中,稳压电源一般有电源变压器、整流、滤波和稳压 4 部分电路组成。

采样电路的作用是将电网电压转换成直流电压 V_{out} 送入比较电路,电网电压的波动超出正常工作范围时,通过监测和控制电路实现冰箱自动断电保护。

11.2.3　数字逻辑信号测试器

1. 设计内容及要求

(1) 基本功能:测试高电平、低电平或高阻。

(2) 测量范围:低电平＜0.8V;高电平＞3.5V。

(3) 高、低电平分别用 1kHz 和 800Hz 的音响表示,被测信号在 0.8～3.5V 之间则不发出声响。

(4) 工作电源为 5V,输入电阻大于 20kΩ。

2. 设计原理与参考电路框图

在数字电路测试、调试和检修时,经常要对电路中某点的逻辑电平进行测试,采用万用表或示波器等仪器仪表很不方便,而采用逻辑信号电平测试可以通过声音来表示被测信号的逻辑状态,使用简单方便。

如图 11.2.3 所示为数字逻辑信号测试器的原理框图,电路由输入电路、逻辑信号识别电路和音响信号产生电路等组成。

图 11.2.3　逻辑信号测试器的原理框图

11.2.4 多路智力抢答器的设计

1. 抢答器的基本功能

(1) 可同时供 8 名选手或 8 个代表队参加比赛,编号分别是 0、1、2、3、4、5、6、7,各用一个抢答按钮,按钮的编号与选手的编号相对应,分别是 S_0、S_1、S_2、S_3、S_4、S_5、S_6、S_7。

(2) 给节目主持人设置一个控制开关,用来控制系统的清零(编号显示数码管灭灯)和抢答的开始。

(3) 抢答器具有数据锁存和显示的功能。抢答开始后,若有选手按动抢答按钮,则编号立即锁存,并在 LED 数码上显示出选手的编号,同时扬声器给出音响提示。此外,要封锁输入电路,禁止其他选手抢答。优先抢答选手的编号一直保持到主持人将系统清零为止。

2. 抢答器的扩展功能

(1) 抢答器具有定时抢答的功能,且一次抢答的时间可以由主持人设定(如 30s)。当节目主持人启动"开始"开关后,要求定时器立即减计数,并用显示器显示,同时扬声器发生短暂的声响,声响持续时间在 0.5s 左右。

(2) 参赛选手在设定的时间内抢答,抢答有效,定时器停止工作,显示器显示选手的编号和抢答时间,并将它保持到主持人将系统清零为止。

(3) 如果定时器的时间已到,却没有选手抢答,则本次抢答无效,系统短暂报警,并封锁输入电路,禁止选手超时后抢答,同时在时间显示器上显示 00。

3. 设计原理与参考电路框图

定时抢答器的总体框图如图 11.2.4 所示,它由主体电路和扩展电路两部分组成。主体电路完成基本抢答功能,即开始抢答后,当选手按动抢答器按钮时,能显示选手的编号,同时能封锁输入电路,禁止其他选手抢答。扩展电路完成定时抢答的功能。

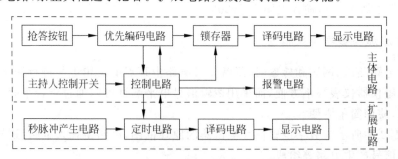

图 11.2.4 定时抢答器的总体框图

定时抢答器的工作过程:在接通电源时,节目主持人将开关置于"清除"位置,抢答器处于禁止工作状态,编号显示器灭灯,定时显示器显示设定的时间;当节目主持人宣布抢答题目后,说一声"抢答开始",同时将控制开关拨到"开始"位置,此时扬声器给出声响提示,抢答器处于工作状态,定时器倒计时;当定时时间到,却没有选手抢答时,系统报警,并封锁输入电路,

禁止选手超时后抢答。当选手在定时时间内按动抢答按钮时,抢答器要完成以下4项工作:

(1) 优先编码电路立即分辨出抢答者的编号,由锁存器进行锁存,然后由译码显示电路显示编号。

(2) 扬声器发出短暂声响,提醒节目主持人注意。

(3) 控制电路要对输入编码电路进行封锁,避免其他选手再次进行抢答。

(4) 控制电路要使定时器停止工作,时间显示器上要显示剩余的抢答时间,并将它保持到主持人将系统清零为止。

当选手将问题回答完毕后,主持人应操作控制开关,使系统回复到禁止工作状态,以便进行下一轮抢答。

11.2.5 简易数字频率计的设计

1. 设计内容及要求

(1) 测量频率范围:0~9999Hz 和 1~100kHz。

(2) 测量信号:方波峰峰值为 3~5V(与 TTL 电平兼容)。

(3) 闸门时间:10ms、0.1ms、1s 和 10s。

(4) 选做内容:用计数法测量周期。

2. 设计原理与参考电路框图

数字频率计是一种用十进制数字显示被测信号频率的数字测量仪器,其基本功能是测量正弦信号、方波信号、尖脉冲信号以及其他各种单位时间内变化的物理量,因此,其用途十分广泛。

数字频率计的原理框图如图 11.2.5 所示。它由4个基本单元组成:可控制的计数锁存、译码显示系统,石英晶体振荡器及多级分频系统,带衰减器的放大系统和闸门电路。

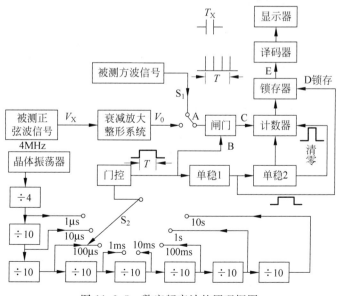

图 11.2.5 数字频率计的原理框图

由晶体振荡器、多级分频系统及门控电路得到具有固定宽度 T 的方波脉冲作门控信号,时间基准 T 称为闸门时间。宽度为 T 的方波脉冲控制闸门(与门)的一个输入端 B。被测信号频率为 f_x,它的周期为 T_x,该信号经放大整形后变成序列窄脉冲送到闸门另一输入端 A。当门控信号到来后,闸门开启,周期为 T_x 的信号脉冲和周期为 T 的门控信号相"与"通过闸门,在闸门输出端 C 产生的脉冲信号送到计数器,计数器开始计数,直到门控信号结束,闸门关闭。单稳 1 的暂态送入锁存器的使能端,锁存器将计数结果锁存,计数器停止计数并被单稳 2 的暂态清零。若取闸门的时间 T 内通过闸门的信号脉冲个数为 N,则锁存器中锁存计数为 $N=T/T_x=Tf_x$。

测量频率是按照频率的定义进行的,若 $T=1s$,计数器显示的数字 $f_x=N$。若取 $T=0.1s$,通过闸门的脉冲个数仍为 N 时,则 $f_x=N_1/0.1=10N_1$(N_1 是闸门时间为 0.1s 时通过闸门的脉冲个数)。由此可见闸门的时间决定量程,可以通过闸门时基选择开关选择,选择 T 大一些,测量准确度就高一些。根据被测频率选择闸门时间,显示器的小数点对应闸门时间显示数据量程。实验时若加小数点显示,闸门时间 T 为 1s,被测信号频率通过计数器锁存可直接从计数器上读出。调试时观测 A、B、C、D 和 E 各点波形可得一组完整的数字频率计波形,各部分的波形如图 11.2.6 所示。

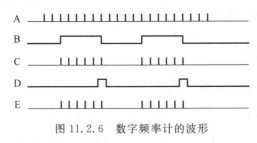

图 11.2.6 数字频率计的波形

11.2.6 汽车尾灯控制器电路的设计

1. 设计内容及要求

(1) 假设汽车尾部左右两侧各有 3 个指示灯(用发光二极管模拟);
(2) 汽车正常运行时指示灯全灭;
(3) 在右转弯时,右侧 3 个指示灯按右循环顺序点亮;
(4) 在左转弯时,左侧 3 个指示灯按左循环顺序点亮;
(5) 在临时刹车时,所有指示灯同时点亮。

2. 汽车尾灯控制器电路的工作原理和总体框图

(1) 列出尾灯与汽车运行状态表,如表 11.1 所示。

(2) 设计原理与参考电路框图。设计原理图如图 11.2.7 所示。由于汽车左转弯或右转弯时,3 个指示灯循环点亮,所以用三进制计数器控制译码器电路顺序输出低电平,从而控制尾灯按要求点亮。由此得出在每种运行状态下,各指示灯与各给定条件(S_1、S_0、CP、Q_1、Q_0)之间的关系,即逻辑功能表,如表 11.2 所示(表中 0 表示灯灭状态,1 表示灯亮状态)。

表 11.1 尾灯和汽车运行状态表

开关控制		运行状态	左尾灯 $D_4 D_5 D_6$	右尾灯 $D_1 D_2 D_3$
S_1	S_0			
0	0	正常运行	灯灭	灯灭
0	1	右转弯	灯灭	按 $D_1 D_2 D_3$ 顺序循环点亮
1	0	左转弯	按 $D_4 D_5 D_6$ 顺序循环点亮	灯灭
1	1	临时刹车	所有的尾灯随时钟 CP 同时闪烁	

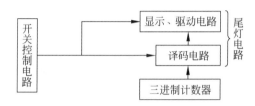

图 11.2.7 汽车尾灯控制电路原理图

表 11.2 汽车尾灯控制逻辑功能表

开关控制		三进制计数器		6 个指示灯					
S_1	S_0	Q_1	Q_0	D_6	D_5	D_4	D_1	D_2	D_3
0	0			0	0	0	0	0	0
0	1	0	0	0	0	0	1	0	0
		0	1	0	0	0	0	1	0
		1	0	0	0	0	0	0	1
1	0	0	0	0	0	1	0	0	0
		0	1	0	1	0	0	0	0
		1	0	1	0	0	0	0	0
1	1			CP	CP	CP	CP	CP	CP

11.2.7 篮球竞赛 30s 计时器的设计

1. 30s 计时器的具体功能

（1）具有显示 30s 的计时功能。
（2）设置外部操作开关，控制计时器的直接清零、启动和暂停/连续功能。
（3）计时器为 30s 递减计时时，其计时间隔为 1s。
（4）当计数器递减计时到零时，数码管显示器不能灭灯，应发出光电报警信号。

2. 设计原理与参考电路框图

根据功能要求，绘制原理框图如图 11.2.8 所示。

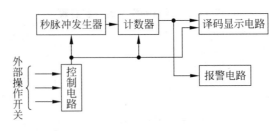

图 11.2.8　30s计时器的总体参考方案框图

原理框图包括秒脉冲发生器、计数器、译码显示电路、辅助时序控制电路(简称控制电路)和报警电路5个部分。其中,计数器和控制电路是系统的主要部分。计数器完成30s计时功能,而控制电路具有直接控制计数器的启动计数、暂停/连续计数、译码显示电路的显示和灭灯功能。为了满足系统的设计要求,在设计控制电路时,应正确处理各个信号之间的时序关系。在操作直接清零开关时,要求计数器清零,数码显示器灭灯。当启动开关闭合时,控制电路应封锁时钟信号CP,同时计数器完成置数功能,译码显示电路显示30s字样;当启动开关断开时,计数器开始计数;当暂停/连续开关拨在暂停位置上时,计数器停止计数,处于保持状态;当暂停/继续开关拨在继续时,计数器继续递减计数。另外,外部操作开关都应采取去抖动措施,以防止机械抖动造成电路工作不稳定。

11.2.8　多功能数字钟的设计

1. 多功能数字钟的基本功能

(1) 准确计时,以数字形式显示时、分、秒的时间。
(2) 以小时为单位的计时要求为"12翻1",以分和秒为单位的计时要求为六十进位。
(3) 校正时间。

2. 多功能数字钟的扩展功能

(1) 定时控制。
(2) 仿广播电台整点报时。
(3) 报整点时数。
(4) 触摸报整点时数。

3. 设计原理与参考电路框图

数字时钟电路系统的组成框图如图11.2.9所示,数字钟电路系统由主体电路和扩展电路两大部分组成。其中,主体电路完成数字钟的基本功能,扩展电路完成数字钟的扩展功能。

该系统的工作原理是,振荡器产生稳定的高频脉冲信号作为数字钟的时间基准,再经分频器输出标准秒脉冲。秒计数器计满60s后向分计数器进位,分计数器计满60min后向小

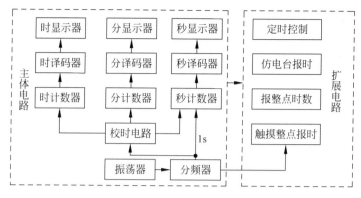

图 11.2.9　多功能数字钟的系统组成框图

时计数器进位,时计数器按照"12 翻 1"的规律计数。计数器的输出经译码器送至显示器。若计时出现误差时,则可以用校时电路进行校时、校分、校秒。扩展电路必须在主体电路正常运行的情况下才能完成扩展功能。

11.2.9　交通灯控制电路的设计

在城镇街道的十字交叉路口,为保证交通秩序和行人安全,一般在每条道路上各有一组红、黄、绿交通信号灯,其中,红灯亮表示该条道路禁止通行;黄灯亮表示该条道路上未过停车线的车辆禁止通行,已过停车线的车辆继续通行;绿灯亮表示该条道路允许通行。交通灯控制电路自动控制十字路口两组红、黄、绿交通灯的状态转换,指挥各种车辆和行人安全通行,实现十字路口交通管理的自动化。

1. 设计任务与要求

(1) 设计一个十字路口的交通灯控制电路,要求甲车道和乙车道两条交叉道路上的车辆交替运行,每次通行时间都设为 25s。

(2) 要求黄灯先亮 5s,才能变换运行车道。

(3) 黄灯亮时,要求每秒钟闪亮一次。

2. 设计原理与参考电路框图

交通灯控制系统的原理框图如图 11.2.10 所示。它主要由控制器、定时器、译码器和秒脉冲信号发生器等部分组成。秒脉冲发生器是该系统中定时器和控制器的标准时钟信号源,译码器输出两组信号灯的控制信号,经驱动电路后驱动信号灯工作,控制器是系统的主要部分,由它控制定时器和译码器的工作。

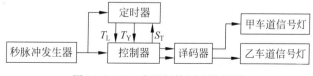

图 11.2.10　交通灯控制系统框图

- T_L：表示甲车道或乙车道绿灯亮的时间间隔为 25s，即车辆正常通行时间间隔。定时时间到，$T_L=1$；否则，$T_L=0$。
- T_Y：表示黄灯亮的时间间隔为 5s。定时时间到，$T_Y=1$；否则，$T_Y=0$。
- S_T：表示定时器到了规定的时间后，由控制器发生状态转换信号。

参 考 文 献

1. Multisim 9 User Guide. Interactive Image Technology Ltd. Canada,2005
2. Multisim 9 Component Reference. Interactive Image Technology Ltd. Canada,2005
3. Multisim 9 Getting Started & Tutorial Guide. Interactive Image Technology Ltd. Canada,2005
4. 熊伟等. Multisim 7 电路设计及仿真应用. 北京:清华大学出版社,2005
5. 赵春华等. Multisim 9 电子技术基础仿真试验. 北京:机械工业出版社,2007
6. 许胜辉. 电子技能实训. 北京:人民邮电出版社,2005
7. 路而红. 虚拟电子实验室——Multisim 7 & Ultiboard 7. 北京:人民邮电出版社,2005
8. 李良荣. EWB9 电子设计技术. 北京:机械工业出版社,2007
9. 李东生. EDA 仿真与虚拟仪器技术. 北京:高等教育出版社,2004
10. 钱恭斌,张基宏. Electronics Workbench——实用通信与电子线路的计算机仿真. 北京:电子工业出版社,2001

教师反馈表

感谢您购买本书！清华大学出版社计算机与信息分社专心致力于为广大院校电子信息类及相关专业师生提供优质的教学用书及辅助教学资源。

我们十分重视对广大教师的服务，如果您确认将本书作为指定教材，请您务必填好以下表格并经系主任签字盖章后寄回我们的联系地址，我们将免费向您提供有关本书的其他教学资源。

您需要教辅的教材	Multisim 9 在电工电子技术中的应用（董玉冰）
您的姓名	
院系	
院/校	
您所教的课程名称	
学生人数/所在年级	_____人/ 1 2 3 4 硕士 博士
学时/学期	_____学时/_____学期
您目前采用的教材	作者：_____ 书名：_____ 出版社：_____
您准备何时用此书授课	
联系地址	
邮政编码	
联系电话	
E-mail	
您对本书的意见/建议	系主任签字 盖章

我们的联系地址：

清华大学出版社　学研大厦 A602，A604 室

邮编：100084

Tel：010-62770175-4409，3208

Fax：010-62770278

E-mail：liuli@tup.tsinghua.edu.cn；hanbh@tup.tsinghua.edu.cn